观演建筑
空间设计

张明杰 / 著

化学工业出版社

·北京·

内 容 提 要

本书主要对观演建筑空间室内设计的结构性设计思维和设计方法进行探索，具体分为两大部分。第一大部分是理论论述，首先简述观演建筑的定义、发展概述以及分类；然后结合设计哲学、设计美学、设计心理学、视知觉等学科知识梳理出观演建筑空间设计的结构性思维模型，即"情、境、理、术"体系。第二大部分通过7个观演建筑的实际案例分析，采用"情、境、理、术"结构模型阐释演艺中心及剧院综合体、歌舞剧院、专业剧院、音乐厅、音乐剧剧院、秀场、多功能剧院等空间的设计特点和规律。

本书适合于建筑设计和室内设计的学习者和从业者阅读参考。

图书在版编目（CIP）数据

观演建筑空间设计 / 张明杰著. —北京：化学工业出版社，2020.10

ISBN 978-7-122-37326-7

Ⅰ. ①观… Ⅱ. ①张… Ⅲ. ①建筑空间－建筑设计

Ⅳ. ①TU2

中国版本图书馆 CIP 数据核字（2020）第 122017 号

责任编辑：李彦玲　　　　　　　　　　美术编辑：王晓宇
责任校对：宋　夏　　　　　　　　　　装帧设计：水长流文化

出版发行：化学工业出版社（北京市东城区青年湖南街 13 号　邮政编码 100011）
印　　装：北京宝隆世纪印刷有限公司
889mm×1194mm　1/20　印张 10　字数 304 千字　2020 年 11 月北京第 1 版第 1 次印刷

购书咨询：010-64518888　　　　　　　售后服务：010-64518899
网　　址：http://www.cip.com.cn
凡购买本书，如有缺损质量问题，本社销售中心负责调换。

定　　价：89.00 元　　　　　　　　　　　　　版权所有　违者必究

序

19世纪中期，西方的剧院及表演形式传入我国。从此，我国经历了漫长的现代剧院建设的发展及其与本土文化结合的过程。特别是进入21世纪，在经历了30多年的经济高速增长之后，中国在世界舞台迎来了全方位的崛起。文化观演建筑的崛起表现为以国家大剧院为标志的"大剧院"模式在全国的遍地开花。一系列国际级硬件水准的大剧院在中国的各级城市兴建。这极大地促进了我国与世界各国的文化艺术交流，同时满足了人民日益增长的精神文化生活的需求。

在这巨大的文化观演建筑建设浪潮之下，作为有幸参与的建设者，我们既要努力工作，不辱时代赋予的使命，同时也要保持冷静的头脑。已经持续了20多年的大剧院高速建设折射出了巨大的经济成就，同时也要看到各地的大剧院建设思路存在同质化、盲目化的趋势，盲目追求"等级高、投资大、功能全"。进入到21世纪的第三个10年，剧院及演出市场竞争的加剧促使行业细分化和服务专业化，粗放型的剧场经营、同质化的剧场定位和设计已经不能应对日益激烈的市场竞争。我国幅员辽阔，各地因地制宜地根据本地文化演艺资源打造个性化的观演空间已经成为必然的趋势。观演建筑的设计者和建设者们、文化艺术工作者们也需要顺应这个趋势，要有挖掘和重构中国非物质文化表演艺术遗产的文化使命感和社会责任感。

张明杰老师的这本专著，通过"情""境""理""术"的四个层面论述各类观演建筑室内设计的全因素。作者希望基于设计心理学、环境行为学、设计美学、视知觉、建筑史等前人理论依据，构建一个有益于理性梳理观演建筑室内空间全貌的设计体系。本书贵在体系化地阐述观演建筑的室内设计，而不仅仅是分章阐述剧院设计规范、剧院发展历史、剧院专项技术（如舞台机械、声学设计）等各专项内容。对于设计从业者，此书可作为此类别室内设计流程和思维方法的参考；对于设计院校学生，此书可作为构建剧院设计知识体系的参考；对于喜欢舞台表演艺术的朋友，此书可作为了解不同观演建筑的入门读物。

孟建国

2020年4月

目录

01 CHAPTER
观演建筑的定义、发展概述及分类

02 CHAPTER
观演建筑室内设计的情、境、理、术体系

03 CHAPTER
演艺中心及剧院综合体的"情、境、理、术"系统分析

04 CHAPTER
歌舞剧院的"情、境、理、术"系统分析

05 CHAPTER
专业剧院的"情、境、理、术"系统分析

06 CHAPTER
音乐厅的"情、境、理、术"系统分析

07 CHAPTER

音乐剧剧院的"情、境、理、术"系统分析

08 CHAPTER

旅游景区主题剧场（秀场）的"情、境、理、术"系统分析

09 CHAPTER
多功能剧院的"情、境、理、术"系统分析

CHAPTER 01

观演建筑的定义、
发展概述及分类

图1-1　西方传统歌剧院

图1-2　荷兰阿姆斯特丹音乐厅

图1-3　中国国家大剧院/沈绍文摄影

1.1 观演建筑的定义

　　观演建筑既是演员演出的场所，同时也是观众观看演出的场所。它完整地诠释了演出与观赏之间互为依存、二元统一的关系。观演建筑狭义来讲，称为剧院（一般指室内的观演空间）或剧场（通常指室外的观演空间）；广义上讲，观演建筑包含歌剧院、舞剧院、演艺中心、演出综合体、音乐厅、专业剧院、多功能剧院、旅游主题性剧院（秀场）、演播大厅、影剧院甚至电影院等能包罗各类演出功能和观演关系的建筑物的总称（图1-1~图1-3）。观演建筑基本的空间构成包括三部分，分别为容纳观演关系的观演厅空间，演员的服装、化妆、道具等后区非面客空间以及观众集散的剧院面客公共空间。《剧场设计规范》中，"剧院"被定义为"设有演出舞台，观看表演的观众席及演员、观众用房的文娱建筑"。观演建筑是重要的公共建筑类型，是技术和艺术高度结合的产物，也是当代社会城市公共生活的重要空间。观演建筑应为"永久性"的；临时搭建的供演出的场地称为观演场所和观演空间，不能称之为观演建筑。

1.2 观演建筑的发展概述

1.2.1 欧美观演建筑的发展概述

　　欧洲观演建筑的发展经历了2600多年的历史了。观演建筑起源于古希腊，最初是以室外剧场的形式出现的。公元前525年左右，古希腊出现了具备供祭祀、节日庆典、政治集会等功能的室外剧场，限于当时建造技术的限制，剧场为依山而建，根据地势自然形成"跌落"的观众空间（图1-4、图1-5）。到了公元前4世纪，古罗马出现了独立的剧场，建筑不再依据地势而建，而采用石头砌筑出观众台阶，演出功能更多元化了，除了宗教仪式外，舞蹈、杂耍、街边表演等世俗表演以及高格调的悲喜剧均在此上演（图1-4、图1-5）。

中世纪时期，流行的宗教剧开始出现，辅以复杂的舞台机关、豪华的布景和绚丽的服装。这类戏的演出场地大都在广场，属露天型剧场，舞台向观众全面敞开，以便于演员与观众进行交流。但是，随着古典戏剧的发展，开放式的舞台渐渐无法满足演出的要求。

文艺复兴直至17—18世纪，巴洛克风格逐渐兴盛。起源于意大利的歌剧同时在欧洲风靡，豪华的巴洛克建筑风格（图1-6）和"镜框式"台口（图1-7）在欧美陆续兴建。第一座公共歌剧院圣卡西亚诺剧院（Teatro San Cassiano），于1637年在威尼斯向公众收费开放。这座歌剧院建立在一座由意大利建筑大师帕拉迪奥（Palladio）设计的剧院旧址之上。这个时期，私人的和公众的剧院和歌剧院遍

图1-4　古希腊露天剧场

图1-5　古希腊埃比道拉斯剧场石材台座

图1-6　典型巴洛克风格的歌剧院观众厅

图1-7　"镜框式"台口

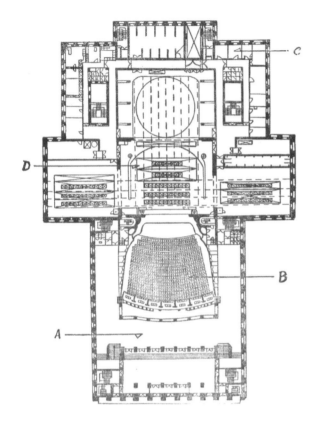

布意大利。这种形制的歌剧院在欧洲得以广泛建设，这也是传统的西方歌剧院的经典形式。19世纪歌剧院的发展进入了一个高峰，巴洛克风格剧院的建设劲风刮到了美洲（主要是北美）。同时，剧院不仅限于歌剧演出，舞剧、音乐表演等更多元的表演形态也进入剧院中。

进入到20世纪，欧美观演建筑发展更加迅猛和多元化。除传统的经典歌舞剧、音乐表演外，更加面向公众的小型室内乐、音乐剧表演、实验性话剧等演出形态扩展了观演建筑的品类，马蹄形、鞋盒形、葡萄园形等各种观众厅形式应运而生。与此同时，观演技术也日新月异的发展，极大地满足了观众对新时代的视听精神享受的追求，如第二次世界大战（简称"二战"）后德国"品字形"舞台的普及（图1-8），以及建筑声学更加理论化和科学化。赛宾（Wallace Clement Sabine, 1868—1969）是现代室内声学理论的奠基人，他提出了重要的声音混响公式，为现代化剧院建设提供了坚实的理论基础。舞台机械技术、观演灯光技术以及剧场控制技术等剧场专业技术也突飞猛进，这些因素和条件都开启了观演建筑设计和建设的新篇章（图1-9）。还有一个方面就是观演建筑更加发挥了强大的精神功能及

图1-8　品字形舞台剧院（德绍人民剧院）/
（《德国品字形舞台传入我国历史概述》，卢向东）

图1-9　波士顿音乐厅

延续城市文脉语境的作用。如由法国建筑大师保罗·安德鲁（Paul Andreu，1938—2018）设计的中国国家大剧院采用全新的建筑形态，从而"断裂"性地面对城市的过去、现在和未来。如荷兰建筑大师雷姆·库哈斯（Rem Koolhaas，1944—）设计的葡萄牙波尔图音乐厅采用"透明背景"的舞台，使观演空间不再封闭在密闭的"盒子"里，与城市景观形成最大限度的渗透和互动，这些都是当代的观演建筑设计对精神及文化功能层面极为积极的思考与尝试案例（图1-10）。

图1-10 葡萄牙波尔图音乐厅

1.2.2 中国观演建筑的发展概述

据史料考证，我国的观演建筑可以追溯到汉代。我国最早的观演形态也是从室外剧场这个雏形发展而来的。中国古代的表演形式统称为"百戏"，是乐舞和杂技等综合表演的总称。东汉时期的表演场所称为"观"（中国古代的一种阁楼式的建筑）。公元前108年（汉武帝元封三年）在今河南洛阳建成了我国较早的一个剧场——"平乐观"。

约公元201年，三国时期著名的政治家曹操在邺城（今河北临漳）主持建设了著名的铜雀台，供他和自己的文臣武将欣赏歌舞表演（图1-11）。

隋唐时期是古代中国经济和文化交流比较繁荣的时期，百戏表演得到了前所未有的发展。表演的场所建设也逐渐增多。随着百戏的发展，这个时期的表演场所也演进为舞厅、舞亭、舞楼、乐楼等，并逐渐产生了室内表演场所。唐玄宗是对乐曲、百戏很痴迷的帝王，唐代的演出场所叫"观铺"，用于表演歌舞、乐曲、杂技甚至马戏等。隋唐时期，我国的露天和室内剧场基本成形了。

两宋时期，经济发展以及中国文化、中国美学的发展达到鼎盛。市民艺术逐渐兴起，宋代的文学、戏曲艺术得以极大地发展。伴随着营造工艺的

图1-11 铜雀台

成熟，较有规模的城市的茶楼、酒肆里面就经常有流动艺人的演出。这种演出场所被称为瓦肆、瓦舍或游棚。有的大的演出场所可以容纳上千的观众，并开始统一收取门票。宋代的剧场奠定了中国传统剧场的基本形制格局，这是中国传统剧场发展的一个重要时期。随后的金元时期少数民族掌握中国政权，统治者为了稳固统治而大力扶持佛教的发展，此时的观演空间一般设置在庙宇内。

图1-12　正乙祠室内戏楼

图1-13　上海大世界

图1-14　人民大会堂

　　明清时期，我国剧场建设规模较大。营造工艺、剧场装饰等更加成熟精致。同时，不同的剧场有了等级、贵贱之分。同一剧场内部的座位也出现了官座、女座、散座、池子等不同等级的座席区。清代剧场沿着宫廷剧场、府第剧场、营业性的民间茶园、地方性的或者会馆里面的小型剧场等不同等级、不同形制的方向发展（图1-12）。

　　19世纪后半叶到20世纪初的近代中国，闭关锁国的清王朝被西方新兴资本主义强国入侵，西方的剧院也被引入到清末民初的中国。中国剧场的发展受到强大外力的影响（图1-13）。1874年，由英国人建立的上海兰心剧院是在中国土地上第一次出现的纯西式剧院。1909年，上海"新舞台""亦舞台""新新舞台"的陆续开业开启了中国新式剧场的时代，这也是一群最早的中国镜框式舞台剧院。

　　20世纪五六十年代是新中国成立的初期，各项事业百废待兴。这个时期国家的经济底子薄，国家的主要精力集中在恢复农业及建立工业体系上。所以，观演建筑层面的消费基本沿用原来的剧院和剧场或者进行适度的改、扩建（图1-14）。70年代初到80年代末，随着国际政治和外交格局的变化以及中国改革开放进程的开始，我国陆续与欧美发达国家建交，外资逐渐进入中国。国内计划经济逐渐向市场经济转变，这些外部和内部的变化极大地刺激了观演建筑发展和建设。伴随着这一波剧院发展的契机，各类剧场也经历着新与旧的剧场运营、设计、建造等艰难摸索和转换的阵痛。原有经济体制下的礼堂、影剧院、群众俱乐部、音乐厅等已经不能满足新时期、新形势下的观演需求，建设现代化的剧院已经是当务之急。深圳大剧院（图1-15）的建设就是在此时代大背景下完成的。由于深圳具有毗邻香港的地域优势，借鉴了香港建设现代化剧院的经验，建设了占地面积4万多平方米、投资上亿的综合型的深圳大剧院。该大剧院集大剧场、音乐厅、展廊、沙龙空间于一体，采用了国际流行的品字形舞台和镜框式台口，并于1989年投入使用。这是中国内地第一次对现代化剧院建设的有益尝试。

图1-15　深圳大剧院

20世纪90年代，改革开放持续深化，国内经济加速发展，同时也开启了我国观演建筑建设的全新篇章。社会物质生活越来越丰富，人民渴求同步的精神文化生活，各大城市也迫切地希望展示自己的文化形象，国家也要展示复兴过程中的新的国际形象。上海大剧院的建成以及国家大剧院的建设立项紧扣时代的脉搏，特别是中国国家大剧院（图1-16）的建设带动了各个地方省市的"大剧院"模式的建设高潮。此后的十几年间，这种综合性的演艺中心在全国各地开花结果。上海东方艺术中心、重庆大剧院、天津大剧院、江苏大剧院、无锡大剧院、珠海大剧院、武汉琴台大剧院等都是这个时期的代表。"大剧院"模式是一种"高、大、全"的观演建筑模式。首先是规格高：一般作为省会级城市或者一、二线城市的文化名片打造。其次是投资大：动辄十几亿元的建设总投资。第三是功能全：功能通常会包含大、中、小的三到四个剧场，能分别满足歌舞剧、音乐演奏、话剧、戏曲、小型实验剧等的演出。建设"大剧院"浪潮是中国经济崛起的标志。也是对国内观演文化建筑匮乏的必然补充。经历了十几年的大型综合演艺中心的高热度建设。进入21世纪的第二个十年，"大剧院"建设的余温尚在，国内的剧场建设积累了丰富的经验。与此同时，剧场运营和管理者也对演出市场、观演空

图1-16　国家大剧院/沈绍文摄影

间的策划、定位和运营有了更加成熟和清醒的认识。剧场的投资人、建设方、经营者、管理者以及业内相关专家学者开始反思和总结"大剧院"模式。剧场策划、立项和建设方面已经开始朝着投资理性化、竞争差异化、剧种多元化、个性定制化、功能复合化的方向发展。不再一味地追求大而全的剧场建设模式。嵌入到文旅产业组团的定制剧秀场、小巧精致的音乐剧剧场、先锋时尚的实验剧小剧场、复合商业酒店等多种业态的观演综合体应运而生，这些新型的观演建筑的出现无疑代表着时代的发展和社会的进步。

1.3 观演建筑的分类

观演建筑简称剧院，有很多种分类的方法。从规模来分，有特大型（1601座及以上）、大型（1201～1600座）、中型（801～1200座）、小型（300～800座）；按照剧院等级分为特级、甲级、乙级、丙级。观众通常更习惯于从演出功能的角度来对剧院建筑进行分类。演出功能主要包含演出剧目、观演关系、场团关系、剧场运营方式等内容。从这个角度来划分，观演建筑可分为：演艺中心及剧院综合体、歌剧院及舞剧院、专业剧院（演出话剧和地方戏曲等）、音乐厅、音乐剧剧场、旅游型主题剧院（秀场）、多功能剧院、电影院以及演播中心等。电影院作为以放映技术为核心的观演空间不在本书的论述范围内；演播中心是服务于电视媒体节目录制的特殊观演形式，也不在本书论述范围内。

1.3.1 演艺中心及剧院综合体

最具有代表性的演艺中心（Performing Art Center）就是中国国家大剧院的"大剧院"模式——将能满足不同演出功能和剧目的观众厅集合在一个建筑群体中。通常中心内设置一个大剧场（满足歌舞剧的表演），另有音乐厅、中剧场（满足戏剧、话剧的专业表演）、小剧场（满足多功能的实验剧和会议等功能）以及大量的观众集散的前厅和候场空间。前文提到了演艺中心的外显特征即是"高、大、全"。作为省会城市、国内一线及二线城市的文化名片，各地的演艺中心要展示和发扬地域文化形象的巨大精神功能，可见建筑的等级必定很高。高的等级、宏大的建筑规模、复杂的工程技术需要巨大的建设投资。因为涵盖了能满足歌舞剧、音乐演奏、话剧、戏曲、小型实验剧等演出的独立的专业剧场，因此，各类演出的专业性是有保障的，因为其专业性强也通常作为艺术类院校的教育及科研基地；同时，作为对大众进行文艺培训和教化的场所，演艺中心也发挥着巨大的作用。演艺中心因其全面配套的公共服务设施也容易形成观演文化的集群效应，便于打造一个地区或者城市的观演文化群落（图1-17～图1-19）。这些都是大型演艺中心的优势所在。相伴而生的是，综合、专业的演出场所、大规模的演出配套空间同时也带来了运营的巨大压力，我国新建的大剧院也面临着类似自盈利问题。

图1-17　北京天桥艺术中心/孙翔宇拍摄

剧院综合体是容易跟演艺中心混淆的一种观演建筑模式。如果说演艺中心是多种演出功能的组合建筑，那么剧院综合体就是更大范围地涵盖了观演功能以外业态建筑的群落式、组团式的建筑体或建筑群。这是一种混合多元的经营模式，如果把专业的歌剧院比喻为高端服装品牌的旗舰店，那么剧院综合体就像是集合有多个品牌、不同产品的大型商场。这里不仅有演出类的剧院，可能还有商场、美术馆、书吧、餐饮甚至是地铁等城市景观和交通枢纽。这些看似不在一个观演产业链条上的业态组合在一起，复合产业互补的新的市场经济模式，也有利于土地及城市资源集约化发展。上海虹桥天地演艺中心就是剧院综合体的成功案例（图1-20~图1-22）。上海虹桥天地是一个与虹桥交通枢纽紧密联系的集剧院、商业、办公、餐饮娱乐于一体的

"一站式"商业综合体。其中，演艺中心为其组团的地标性建筑，形成了活力四射的文艺的商业空间。演艺中心可以满足1000名观众同时观看演出，可满足话剧、音乐剧、各类歌舞剧的演出。

图1-19 无锡大剧院（演艺中心）

图1-18 北京天桥艺术中心音乐剧剧场/孙翔宇拍摄

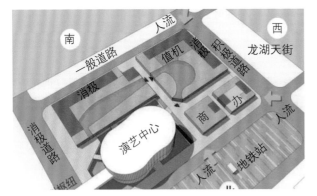

图1-20　上海虹桥天地演艺中心综合体

图1-21　上海虹桥天地演艺中心公共空间/谷德设计网

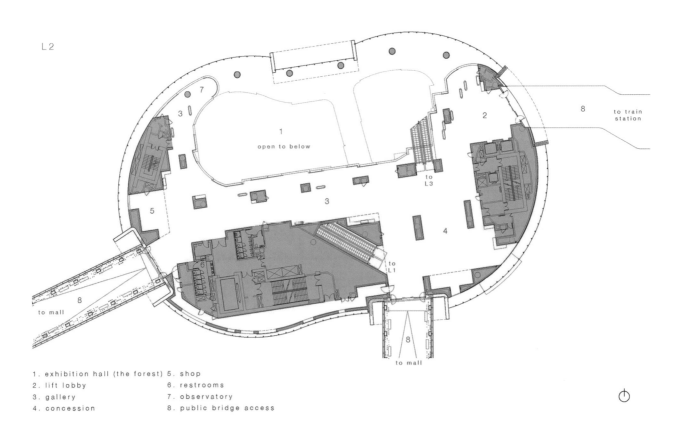

1. exhibition hall (the forest)　5. shop
2. lift lobby　6. restrooms
3. gallery　7. observatory
4. concession　8. public bridge access

图1-22　上海虹桥天地演艺中心平面图/谷德设计网

1.3.2 专业剧院

专业剧院（Professional Theater）是指专供某一剧团和剧种演出的观演建筑，是为特定的专业演出量身定做的剧场。专业的剧院可以使不同类型的演出效果最大化，给观众和演员带来最专业的观演体验。从广义上来讲专业剧院包括歌舞剧院、戏剧剧院、音乐厅、戏曲剧院等不同且各自独立的演出载体。本书将歌舞剧院、音乐厅独立来论述，所以，这里的专业剧院是指以语言念白表演为核心的戏剧剧院、话剧院、地方戏剧院以及戏曲剧院等观演场所。

话剧是以对话为主的戏剧形式，主要表演形式和叙述手段为演员在台上无伴奏的对白或独白。西方剧场的发展就是用石头写就的西方戏剧的发展史。最古老的剧场是古希腊依山而建的室外剧场。古罗马时期，拱顶技术和混凝土材料的使用促进戏剧演出空间的发展，舞台用房与半圆形的观众席形成剧场基本形制。莎士比亚和他的演员们，在泰晤士河畔修建了木结构的莎士比亚剧场（图1-23），观众席为800座。16世纪后半叶出现在意大利的奥林匹克剧场是最早的纯室内的戏剧剧场，并且舞台表演空间与观众席通过镜框式台口分隔开，舞台美术更加逼真丰富。进入到20世纪，随着戏剧表演形式的多元化，戏剧剧场舞台也从尽端式、镜框式向着三面式、环绕式等多元化的舞台形态发展。

中国自古就是一个戏剧大国，传统的中国戏曲艺术历经800年的历史沧桑，演变为300多个大小剧种。中国传统戏曲是中国传统音乐、舞蹈、服装、做派等多种艺术方式集合在一起的综合艺术。20世纪初，西方戏剧传入中国，形成了后来中国的话剧。

专业的话剧院与地方戏曲剧院规模都比较小，这样才能使演员的对白和语言更为清晰，同时也便于观众看清楚舞台演员的表演细节。目前国内的专业的话剧院和戏剧院一般设置在演艺中心或者剧院综合体之内，设置独立的专业观众厅满足专业的话剧或者戏剧演出。各个地方省市，也会建设演出地方剧种的独立、专业的戏剧剧院，比如针对九大中国传统戏曲剧种——京剧、评剧、豫剧、昆曲、川剧、黄梅戏等设计建造的长安大戏院（图1-24）、中

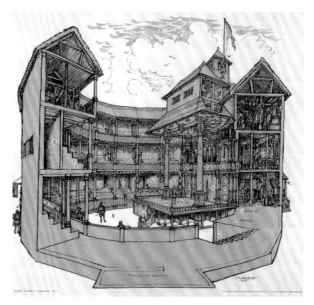

图1-23　莎士比亚剧院

图1-24　长安大戏院

国京剧院、山西太原晋剧剧场、中国评剧大剧院、成都川剧艺术中心、广州粤剧艺术中心、西安易俗社剧场等。国内的话剧演出是以自然声为主、电声为辅，舞台基本的方式是镜框式以及伸出式舞台。国内专业的话剧剧院有中央戏剧学院剧场、上海戏剧学院实验剧场、中国国家话剧院等。值得一提的是国内的话剧院基本都是场团合一的（图1-25）。国内专业的儿童剧场有中国儿童剧场（1995年）、浙江小百花艺术中心剧场（2010年）、上海宋庆龄儿童基金会剧场（1958年）、北京七色光儿童剧场（2002年）等。

1.3.3 歌舞剧院

歌舞剧院（Opera Houses）从广义上来讲属于专业剧院的范畴。因为歌舞剧院其独特深厚的发展历史，故而本书将歌舞剧院独立成篇论述。世界上第一座面向大众开放的歌舞剧院于公元1637年出现在意大利的威尼斯，名字叫圣卡西亚诺剧院（Teatro di San Cassiano）。从此，歌舞剧院结束了由西方封建皇室和封建贵族所垄断而专享的时代，这也带动了歌剧的普及和大规模歌剧院的建设。巴洛克风格甚至洛可可风格的歌剧院引领了欧美18世纪、19世纪以及20世纪初的欧美剧院建设（图1-26）。这时期的经典歌剧院有意大利的米兰斯卡拉歌剧院（Teatro alla scala）、罗马阿波罗剧院（Apollo Teatro, Rome）等。

图1-26 威尼斯凤凰歌剧院（典型巴洛克风格剧院）

图1-25 北京天桥艺术中心话剧厅/孙翔宇摄影

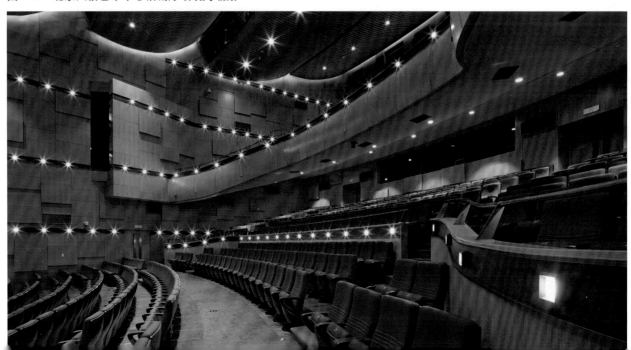

20世纪初期，欧美的文化艺术界在立体主义、达达主义、构成主义、未来主义等新的思潮的潜移默化下，现代主义建筑风格和语言的出现并逐渐发展。同时，西方资本主义国家的工业体系逐渐完备，声学技术、舞台技术设备、舞台照明技术等的发展成熟也为功能主义、现代主义的观演建筑提供了物质和技术保障。现代主义风格的歌剧院有法国巴黎的巴士底歌剧院（图1-27）、澳大利亚的悉尼歌剧院、德国埃森歌剧院、纽约林肯艺术中心等。20世纪的后半叶，国际建筑界开始对现代主义风格的千城一面、割断文脉的现象进行反思，陆续出现了广义上的后现代主义建筑设计风格的尝试。这些广义的后现代主义建筑风格的歌剧院有西班牙巴伦西亚索菲亚王后艺术歌剧院（图1-28，超现实主义风格，圣地亚哥·卡拉特拉瓦）、挪威奥斯陆歌剧院（新现代主义风格，Snohetta）、日本东京新国立剧院（图1-29，后现代主义风格，柳泽孝彦）中国广州歌剧院（非线性风格，扎哈·哈迪德）、中国湖南梅溪湖国际文化艺术中心（图1-30，非线性风格，扎哈·哈迪德）、中国哈尔滨歌剧院（非线性风格，MAD）等。

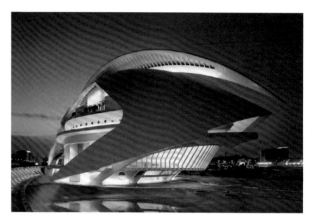

图1-28　西班牙巴伦西亚索菲亚王后艺术歌剧院

图1-29　日本东京新国立剧院

图1-27　法国巴士底歌剧院（现代主义风格歌剧院）

图1-30　中国湖南梅溪湖国际文化艺术中心

1.3.4 音乐厅

音乐厅（Concert Hall）是专门演出音乐的专业剧场，是举行音乐会及音乐相关活动的场所（图1-31~图1-35）。人们在这音符的殿堂里感受交响乐、室内乐、合唱以及独奏等各种音乐形式的艺术魅力。音乐厅按照演奏内容可分为交响乐厅、合唱厅、室内乐厅、独奏厅等四类。按照形式可以分为：传统的鞋盒式音乐厅和其他新的平面形式的音乐厅。

"鞋盒形"的音乐厅为历史悠久的音乐厅形式，也是最为传统的音乐厅形式、形制比较中规中矩。随着音乐厅的发展出现了圆形音乐厅，其优点是视线比较好但是声学效果相对弱势。葡萄田山地式音乐厅（图1-36、图1-37），其形态鲜明，设计感比较强，但是也同样面临声学处理的困难；扇形音乐厅的优点是观众座位数较多同时视线较好，同样，音质的声学设计也是难点；马蹄形的音乐厅也是很常见的，这也是传统剧院的形态，声音的亲切感比较好。国际著名声学家白瑞纳克（Leo L. Beranek, 1914—2016）研究世界多个顶级音乐厅的视听观演效果后得出结论：音乐厅的规模（包括容积及容纳观众的人数方面）座位数在1800~2000座

图1-31 柏林爱乐音乐厅

图1-32 德国汉堡易北爱乐音乐厅

图1-33 星海音乐厅

图1-34 葡萄牙波尔图音乐厅

图1-35 中国香港演艺学院音乐厅

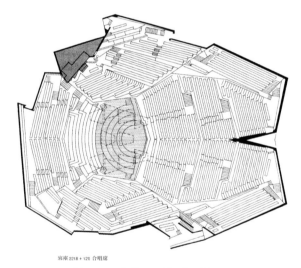

容座 2216 + 120 合唱席

图1-36 葡萄田形音乐厅平面

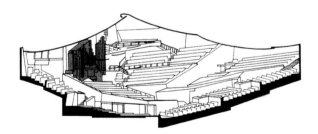

图1-37 葡萄田形音乐厅剖面

之间为最佳；中型音乐厅的座位数在1000~1600座之间；800座以下的音乐厅适宜作为小型音乐厅和室内乐音乐厅。国际著名的音乐厅包括奥地利维也纳音乐厅（1869年）、荷兰阿姆斯特丹音乐厅（1883年）、美国波士顿交响音乐厅、纽约卡内基音乐厅、英国皇家歌剧院音乐厅、澳大利亚悉尼歌剧院音乐厅、美国纽约大都会歌剧院音乐厅等。国内兴建的独立音乐厅有上海音乐厅（1959年）、北京音乐厅（1985年）、星海音乐厅（1998年）、深圳音乐厅（2006年）、天津音乐厅（2005年）、西安音乐厅（2009年）、杭州音乐厅、青岛音乐厅（2006年）、中央音乐学院音乐厅（1959年）、中央民族乐团音乐厅、星海音乐学院音乐厅等。

1.3.5 音乐剧剧院

音乐剧是20世纪兴起于英国和美国，随后在全世界范围内流行的集歌、舞、剧并举的通俗的音乐戏剧形式。正如著名学者黄定宇先生指出：音乐剧应该是以戏剧（尤其是以剧本BOOK）为基本，以音乐为灵魂，以舞蹈为重要表现手段，通过舞蹈、音乐、戏剧三大元素的整合来讲述故事、刻画人物、传达概念的表演艺术娱乐产品。

在国际上享誉盛名的纽约百老汇是音乐剧剧院

图1-38 美国百老汇剧院群

图1-39 上海文化广场

图1-40 北京天桥艺术中心/孙翔宇摄影

的剧场群落（图1-38）。39座各类剧院在这里星罗棋布。这些剧院分别为三个主要的集团所有：舒伯特集团（Schubert Organizations）拥有17家；尼德兰德集团（Nederland Organizations）拥有9家剧院；朱詹馨戏剧集团（Jujam Cyn Theaters）拥有5家剧院。其他剧场分别为凯旋木马剧场集团、迪士尼集团、林肯中心、曼哈顿戏剧俱乐部等分别拥有。这里面17家剧院的座位数超过了1000座，有9家在600～900座之间，只有一家是597座。百老汇的剧院群落及产业园区的产品主要是音乐剧以及歌舞综艺节目，剧场的观众群体一般是美国本地市民，另外一半是国外的参观游客。百老汇是纽约最吸引游客的地方之一，访问纽约市的50%的游客均是慕百老汇的音乐剧之名而来的。

国内著名的音乐剧剧院有上海文化广场、北京保利剧院、北京天桥艺术中心等（图1-39、图1-40）。

1.3.6 旅游景区主题剧场、秀场

旅游景区主题剧场（Tour Theater），顾名思义就是跟旅游业紧密相关的观演建筑空间。这种主题剧场最早出现在美国的百老汇。百老汇的演艺剧目无论是音乐剧还是各种综艺秀都是专属化和定制化的。这样就有利于形成稳定的观众（粉丝）群体。这种旅游景区主题剧场国外多用秀场表述，秀是自英文"Show"音译过来，所以也可以称呼这类剧场为秀场（Show Theater）。秀场里面表演的各种"Show"是20世纪末自音乐剧之后，最先从美国兴起的一种更为综合的新型舞台剧，其综艺性、炫目性、沉浸感相较音乐剧有过之而无不及。"定制秀场"剧团的表演不同于音乐剧，更与传统的歌舞剧大相径庭，与传统马戏表演也有天壤之别。首先，定制秀场会有固定的剧团驻场和"量身定做"的表演剧目。其次，表演中融合了多种不同的舞台表演艺术，如街头表演、马戏、歌剧、芭蕾舞、摇滚乐等，除了以上的艺术型表演外，杂技、魔术、小丑、空中飞人等技能类、技巧类、杂耍类体育运动也会包含其中。这些复杂丰富的表演门类通过统一的故事线索和悬念丛生的情节设置展现在观众眼前，声光电技术高度集成在剧院里，为观众带来极大的艺术感染力和震撼力，展现出令人叹为观止的表演艺术效果。有别于传统的"镜框式"台口，秀场的舞台和观众区互动更加频繁，演员与观众相互交融，"观"与"演"的

空间界线不再泾渭分明；同时，舞台机械更加复杂、特效更加炫目，营造出更为生动"写实"的剧情情境。国际上，著名的综艺秀和秀场案例很多，如由弗兰克·德贡打造的美国拉斯维加斯百乐宫酒店的"O"秀（图1-41），演出团队是举世闻名的加拿大太阳马戏团。还有Wynn酒店内的《水之梦》秀、Monte Carlo酒店内的蓝人组、MGM Grand Hotel & Casino内的KA剧、金银岛（Treasure Island）酒店内的神秘秀等。

我国文化旅游演艺行业处于初级发展阶段，旅游景区的主题剧院、独立和半独立的秀场还属于新鲜业态，我国目前的定制主题秀场的建设处于学习国际经验的阶段。主题秀场的独特的策划与运营规律，秀场独特观演形式、观演关系的舞台设计、视听设计等软件设计能力正在逐渐摸索和成熟中。比如，由德贡先生打造的中国澳门新濠天地的"水舞间"是水秀这种表演形式跟亚洲文化完美融合的里程碑式的巨作（图1-42）。武汉《汉秀》（图1-43）是这种观演业态在中国内地落地的第一个标志性案例，在演出剧目、设计立意、观演技术等方面均属

图1-42　水舞间

图1-43　武汉《汉秀》

图1-41　"O"秀（太阳马戏团）

图1-44　无锡《太湖秀》/古德设计网

图1-45 西双版纳《傣秀》

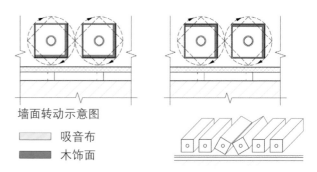

墙面转动示意图
▭ 吸音布
▬ 木饰面

图1-46 多功能厅可调混响墙面声学构造

国际一流水平。无锡秀场的《太湖秀》（图1-44）、西双版纳的《傣秀》（图1-45）、青岛秀场的《青秀》、九寨天堂剧院的《梦幻之旅》、北京华侨城大剧院的《金面王朝》、深圳东部华侨城大剧院的《天禅》、丽江千古情大剧院的《丽江千古情》等都是优秀的本土秀尝试。

1.3.7 黑匣子剧场

从20世纪末开始，舞台表演形态日渐多元化，多功能剧院、小剧场、黑匣子剧场（Black Box Theater）等剧场的提法多了起来。可以肯定的是，这些新的剧场形式是对传统大型剧场演出的有益的补充，提供给人们更为丰富、多元的观演体验和享受。同时，人们对于"黑匣子剧院""多功能剧院""小剧场"等的定义和理解也比较模糊。这三种剧场的概念确实是既有交叠又有区别的。多功能剧院偏重于"多功能"的演出模式，通过舞台的变换甚至声学环境的调整变换以达到满足戏剧、小型音乐演出、会议等不同功能的切换（图1-46）。而"小剧场"这个提法最先出现在美国百老汇，是伴随着实验戏剧的发展产生的。这一时期的美国戏剧

研究学者主要研究实验剧场内的观演关系、艺术创作的形式以及剧场的空间设计等内容，新的技术以及艺术载体的出现改变演出的场景；欧洲学者主要关注艺术演出的实验性、新型的观演关系、剧场受众、剧场空间创造以及媒体技术的研究，主要研究成果有针对当代剧场空间变化以及剧场中多媒体的应用问题。

黑匣子剧院是更加灵活多变的小剧院，最初的产生是为了提供一个戏剧的实验性、探索性的场所。冯德仲在其主编的《汉英剧场术语》中将黑匣子剧场（Black Box Theater）解释为"通常将剧场内部的墙面涂成黑色或者用黑色的幕布包起来，可根据演出需要调整观众座位和舞台，将观演形式灵活改变的剧场"。欧美国家的实验剧场、黑匣子剧场已经发展了100多年了。黑匣子剧场的源头最早可以追溯到1887年法国导演设立的自由剧院，这是欧洲最早的先锋剧院的实践者，带动了整个欧洲的小剧场运动。黑匣子剧场也在此出现了最初的概念以及剧场原型，目的就是创造一种可以灵活变化的戏剧空间，取消一切花哨无用的东西，突出戏剧的表演特性。可见，黑匣子剧院的两个主要特点：一是座

位数少（800座以下，一般为300~400座）；二是表演的剧目多为先锋性、实验性、革新性的戏剧。

　　长久以来，我国比较关注大型的德国"品字形"舞台剧院的引入和建设，以先锋性、创新性、实验性为特点的小型多功能剧场、黑匣子剧院发展一直不太受到重视，直到1989年《绝对信号》演出的成功逐渐带动了小剧场表演的兴起，也逐渐引入"黑匣子剧场"这一新的剧场形式。但是跟欧美实验性剧院相比，我国的多功能剧场、黑匣子剧场发展开始得较晚，剧场的建设量不多、受重视程度较低，理论研究少。在市场经济的影响下，在1997年孟京辉的话剧《恋爱的犀牛》取得良好的市场票房回报后，我国实验剧场的发展开始回暖（图1-47）。随着人们对多元化舞台演出艺术的渴求以及国家越来越重视精神文明的深度建设，我国近些年小剧场数量逐渐增多，政府大力发展文化事业，新做出的小型剧院规划建设数量庞大。

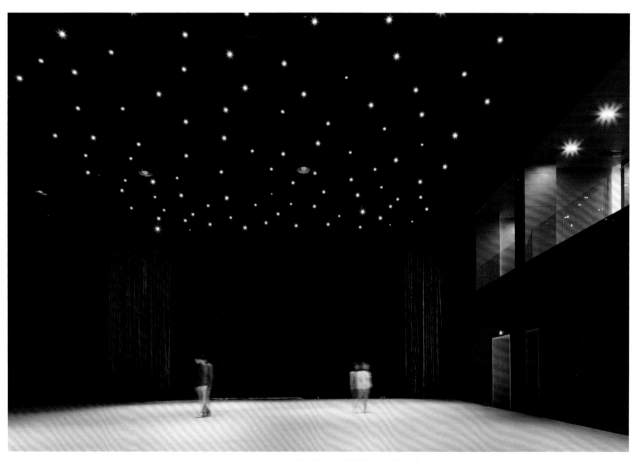

图1-47　天津北塘古镇黑匣子剧院/孙翔宇摄影

CHAPTER

02

观演建筑室内设
计的情、境、理、
术体系

2.1 观演建筑室内设计的情、境、理、术体系的理论基础

经过多年的项目设计实践，笔者感悟并总结出观演建筑和观演建筑室内设计的因素可概括为"情、境、理、术"的四个层次，这四个字涵盖了观演建筑室内设计的各个方面，是对这类空间室内设计的体系化思维、科学化流程和合理化知识结构的一次较为全面的梳理和建构。这既是一套指导观演室内设计的方法体系，也是一套研究项目案例的分层解读体系。

第一个字"情"是项目和案例的本体基因解读，是后续设计思维和设计程序的动因。首先，它是对项目环境"情"况的调研分析（包含了对场地周边环境、地域文脉、自然风貌等各项区位因素的了解和掌握）；其次，它是对项目基本物质功能"情"态的把握（对相似案例、对标案例的对比分析，观演关系中演员与观众的"情"绪的把握，剧院运营管理"情"况的理解）；再次，它是对精神功能"情"感的分层解读（项目的文化及社会使命、演员与观众处于剧院中的心理需求等）。此阶段的研究方法为搜集、汇总、分类、统计、比较、梳理等，最终能总结出项目的主要矛盾。理论支撑为设计心理学、马斯洛心理层次理论、环境行为学等。

第二个字"境"是指设计的立意与概念。在第一阶段对项目基础因素全面深入梳理后，就进入到这个阶段，就是得出特定设计概念的造"境"阶段，即对整体的设计立意、设计原则和设计方向勾勒出粗线条，营造出多维度的观演室内空间。也就是"全因素"的感知空间，包括三维物理空间的物"境"、四维时空空间的易"境"、五维通感空间

的心"境"、六维记忆与文化空间的意"境"以及七维神性空间的化"境"乃至万维未知空间的探索。这个阶段的理论支撑为设计心理学、设计美学、艺术与视知觉理论、视错觉理论、马斯洛心理层次理论、环境行为学等理论。

第三个字"理"是设计语言的研判推敲过程。"境"规定了设计的大的走向，支撑它"物质化"的是对观演空间的结构、空间、风格、形态、材质、光色等一系列设计语言和语素进行具体的创作、研判、推敲的过程，也就是设计语素形成空间语句再组合成为整体设计语言的理性的建构过程。这个阶段的工作方法和思维模式是非常复杂的。理性思维与感性思维、逻辑思维与发散思维交替并行。同时，伴随着设计师的手、眼、脑三位一体的行为和思维的闭环互动以达到对设计概念落地的推进。这个阶段本书分为四个小节进行论述：空间层次与形态之梳"理"、空间光影与照明之机"理"、空间色彩与材质之肌"理"、空间细部与符号之意"理"。这个阶段的工作方法的理论支撑为设计心理学、设计美学、艺术与视知觉理论、视错觉理论、马斯洛心理分层理论、环境行为学等理论。

第四个字"术"是设计的专业学科配合。这是各类专业技术和设备将设计落地实施内容，也是理性工作思维占据主导的阶段，特别是观演建筑这种技术最复杂的空间需要结构、建筑学、室内设计、给排水、强弱电、暖通空调、建筑声学、电气声学、舞台机械、剧场照明、建筑幕墙、剧场运营、智能化控制、消防性能化等几十个大小专业的配合。总的来说，"术"就是针对"演、观、管"三者的技术，理论支撑为声学、舞台机械、照明设计、机电设备、结构材料等等应用科学。

"情、境、理、术"的设计体系是从诗性到理

性、宏观到微观、抽象到具象、模糊到明晰的递进的体系，同时也是环环相扣的系统，是一个项目设计推进的坐标系统，是以"术"撑"理"、以"理"造"境"、以"境"推"情"的设计全因素（图2-1~图2-3）。

图2-1 手、脑、眼的循环推动设计进程

图2-2 推敲空间形态的工作模型

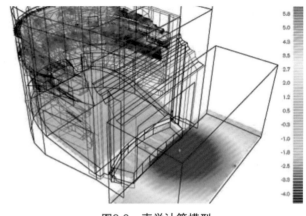

图2-3 声学计算模型

2.2 观演建筑室内设计的"情"本体

"情"是一切事件的源头，人类的繁衍生息都是以情为驱动的，"情"创造了人和万事万物。

观演建筑设计也是以"情"为本体驱动，当然这个情不是指狭义的情感。本书论述的是环境条件分析的"情"况（英文释义Condition、Circumstance），物质功能的"情"态（英文释义Reason、True Information），精神功能的"情"感（英文释义Spirit）。

2.2.1 剧院环境条件之"情"况

建筑是在地性的，观演建筑设计一定会关注项目所处环境的自然因素与人文因素。我们可以通俗地形容为"在哪儿演？"的问题。从城市规划的角度来划分城市环境分为宏观环境和微观环境；从形成机理的角度可以分为自然环境、人文环境以及文脉环境；从意识形态角度可分为社会环境和文化语境；从城市区域社会分工的角度可以分为商业环境、业态环境等。

（1）宏观环境和微观环境

城市规划是一定时期内城市发展的蓝图。这个学科提出的详规、控规、国土资源规划等从小到大的概念无不揭示了局部地区、城市、城市群落区乃至一个国家从微观到宏观的环境。本书论述的宏观环境是指以城市或者城市群为体量的环境；微观环境是指针对项目所在地的所属城市功能区以及具体的社区场地。城市的宏观环境有助于我们了解城市产业规划与布局，有利于我们更好地打造城市观演产业集群，将宏观的行业研究与微观的项目研究结合起来；微观环境让我们能从城市设计的层面了解项目所在地的城市肌理、交通肌理等更加具体的信息，更好地解决观演建筑与外部城市环境关系（图2-4，图2-5）。

（2）自然环境、人文环境、文脉环境

按照形成动因，我们又可将项目环境分为自然环境、人文环境、文脉环境。自然环境是天地造化的鬼斧神工，包括一个地区的地形、地质、地貌、水文、风向、气候、植被等因素。研究地域的自然环境能有助于我们因势利导地设计出适宜、绿色、生态的观演空间。人文环境与文脉环境是既有关联又有区别的两个概念。文脉环境是一个更为宏大的概念，它包含了时间的因素，一般用来描述一个地区在历史演进的过程中文化生活、文化事件、文化成果以及著名人物等的积累和承续；而人文环境一般是指当下的某个地区的社会文化生活、市民文化素养、大众审美习惯的全貌。地域文脉和人文因素是设计中需要重点关注的因素，也是建筑设计和室内设计中不得不面对的重要课题。许多经典的观演建筑都从不同角度处理了这个文化课题（图2-6~图2-8）。

图2-4　阿尔比剧院周边的城市肌理/《城市语境下的观演建筑设计研究》，杨安杰

图2-5　阿尔比大剧院鸟瞰

图2-6　无锡秀场剧院（外观体现了江南竹林的自然环境）

图2-7　无锡大剧院（外观体现了"化蝶"的地域人文元素）

图2-8　国家大剧院橄榄厅（体现了中国崛起的新形象的
象征性）

图2-9　百老汇剧院地图（体现了演艺产业的商业环境）

（3）社会环境、文化语境

从意识形态的角度，我们又可以将环境理解为社会环境和文化语境。这个环境是与项目此时此地的政治制度和体制紧密相关的。因为观演建筑作为公共文化空间的特殊性，它具备一定的象征性和文化符号，所以要研究特定时期的国家对于观演建筑建设的政策导向、价值观导向，小到地区、大到国际，要研究建设项目的文化使命和价值观使命也是观演设计中必须面对的课题。

（4）商业环境、业态环境

18世纪西方资本主义社会开始发展，欧洲率先开启了自由竞争的市场经济时代。我国在改革开放之后市场经济也飞速发展。在舞台表演艺术越来越多元化的今天，人民群众的日常精神消费成为拉动新时期观演建筑建设的引擎。观演形式、观演关系、演出市场越来越细分，演出市场和剧目向着专业化的精耕细作发展，所以，对项目周边商业环境的调研、业态种类的分析对剧院建设定位尤为重要，从而得出融入观演产业链条、差异化演出剧目竞争、定制化演出打造等不同的设计策略（图2-9、图2-10）。

图2-10　专业地方戏剧剧院：南通更俗剧院

（5）限制条件

限制条件包含了项目的总体投资限制、时间限制以及在不同地区适宜的技术条件和实施可行性。

2.2.2 剧院物质功能之"情"态

前文提到剧院的环境议题，如果直白形容，即为"在哪儿演？"的问题。本节所说的物质功能的情态就是要论述"演什么？怎么演？怎么看？怎么管"的问题。具体分为演出功能、观演关系以及剧场运营模式等三大方面的问题。

（1）演出功能

演出功能是指剧院内可以演出何种剧目。不同的专业剧目如歌剧、舞剧、话剧、戏曲、交响乐、管弦乐、小型室内乐、音乐剧、综艺秀等对演出空间的专业要求大相径庭。虽然在20世纪90年代以前，我国采用建设多功能厅或者礼堂形式的剧院取折中的声学指标来满足音乐演出、戏剧演出、舞剧

演出甚至会议等多功能的使用，这是在改革开放初期物质条件有限的情况下的无奈之举。这种情况下的多功能剧场其实就是什么都能演却又什么都演不好。随着我国经济的快速发展和人民精神生活需求提升，建设专业性剧院是大势所趋。同时，我国在"大剧院"模式的建设下，全国各地的剧院建设也有一味求大、求全的现象。这个现象是需要反思的，因为不同的演出功能所对应的观众厅容积、座位数量、观赏距离、声学指标、材料构造等都是不一样的。如演出语言类的话剧厅一般座位数不会超过800座，这样适当的厅堂容积能保证对应于话剧演出的较小的混响时间。另外，因为在话剧表演中观众要看清楚和听清楚演员的"声、台、形、表"，观众厅过大也是对话剧表演不利的（图2-11、图2-12）。

（2）观演关系

观演关系是指演员表演和观众观看之间的关系，也即舞台和观众厅座席布置的平面关系

图2-11 上海戏剧学院实验话剧院

图2-12 演出功能特别的水秀舞台（《傣秀》）

（图2-13）。这个也是由演出剧目的种类和内容直接决定的。欧洲传统的歌剧、芭蕾舞剧采用主流的品字形舞台和镜框式台口，观众席常规设计为马蹄形或者扇形，观众和演员彼此间比较独立。传统的话剧剧院、戏曲表演的剧场等大部分也都是镜框式台口，观众和演员之间也都是二元独立的看与被看的关系。这种情况随着近几年演艺市场的多元化也逐渐有所改变。比如，旅游景区主题剧场（秀场）的观演关系就更加灵活多变，舞台没有了传统的台口，观演关系不再是二元分明的，有的剧院的舞台在观众厅中间，观众席环绕四周；甚至有的剧院没有了固定的舞台，演员在观众的四面八方出现。这种新型的观演关系伴随着炫目时尚的舞台美术，使演出更具感染力和沉浸感。

图2-13 舞台多功能的变换使观演关系灵活变化

（3）剧场运营模式

① 场团合一模式。场团合一模式就是以剧团为核心、以专业剧目为核心的运营方式。剧团是剧场的实际所有者也是经营者，管理者更是剧目的创作主体，是所谓"生产＋销售"全链条。这种模式在国外和国内的剧场经营形态里都比较常见（图2-14）。因为是剧团自己创作剧目，所以剧场的观演模式、舞台美术等完全配合剧目量身定做。这保证了演出的专业性，同时也使得剧场形态固定化。这种模式多体现在一些地方戏种的专业剧场经营上。

② 场团分离模式。这是现存的一种剧场经营模式，也是市场经济的必然产物。改革开放以后我国的剧场与剧团之间分离，剧场不再是演出内容创作的主体。剧场成为独立的可以租赁给各个专业演出院团的演艺场所。这种模式使某些经典的剧目在全国巡回演出成为可能，但与此同时，专业剧场因为受众面窄、演出资源不稳定等原因也面临经营的难题。

③ 场团签约模式。这种剧场的经营模式起源于美国百老汇。场团签约的剧场模式是市场经济的必

图2-14 首都剧场（北京人艺的专属话剧剧院）

然产物。随着演艺市场的发展和产业的细分，独立制作人和戏剧工作室出现、演出交易市场的出现、文化经纪人和演出公司的出现乃至政府采购演出产品的出现都为场团签约的经营模式提供了有力保证。

2.2.3 剧院精神功能之"情"感

观演建筑设计的背景因素还有一个前提条件：剧院的等级要求和人们在剧院内观看演出的深入的心理状态和需求。我们称之为"给谁演？为什么演？"剧院的设计不仅要解决基本功能问题，还要传达文化寓意和象征性。还有两个要关注的深层次问题：一是这个剧院对于为一个城市和地区代言的"自我实现"的问题；另一个是不同的观众在剧院内活动时的"自我实现"的需求。这里用到了马斯洛的需求层次理论（图2-15）。随着物质生活的富足，人的需求是从生理需要、安全需要、社会需要、尊重需要、自我实现而逐渐升级的。剧院作为"精神消费"的场所，主体的消费人群为小康甚至富裕阶层，所以，他们在观演场所内是有社会交往、被尊重、自我实现和自我满足感的强烈内在需求的。

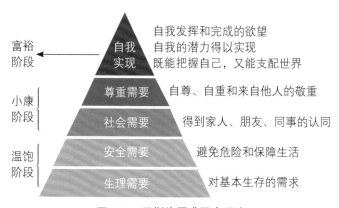

图2-15　马斯洛需求层次理论

（1）观演建筑是城市和地区代言的群体"自我实现"需求的满足

《剧场建筑设计规范》（JGJ 57—2016）规定："剧场建筑的等级可分为特、甲、乙、丙四个等级。特等剧场的技术要求根据具体情况确定；甲、乙、丙等剧场应符合下列规定：主体结构耐久年限：甲等100年以上，乙等51~100年，丙等25~50年。"由此，我们可以看到，观演建筑的重要性和级别是有区分的。越高的等级代表地区和城市的文化和精神形象的责任越大。越能最大化地满足一个地区的文化"自我实现"需求。

（2）观众在剧院内观看演出是个人"自我实现"需求的满足

形而上的观演建筑设计是精神文化产品的生产场所也是观众精神消费的空间。设计中要挖掘观演受众群体的文化心理和社会心理。面对新富阶层和小康阶层，剧院设计中要细微地体现人们对高品质社交空间的需求、作为成功的阶层被尊重的需求以及感受到自我价值实现的需求。

2.3 观演建筑室内设计的"境"营造

项目设计立意之造"境"阶段，即是对整体的设计立意、设计原则和设计方向勾勒出粗线条，营造出多维度、全信息、综合体验的观演空间。三维物理空间的物"境"、四维时空空间的易"境"、五维通感空间的心"境"、六维记忆与文化空间的意"境"、七维神性空间的化"境"乃至万维未知空间的探索。空间和场所要能有综合的物境、易境、心境、意境以及化境的综合感知需要结构构筑设计、平面功能梳理设计、空间层次设计、形态设计、照明设计、材质与色彩搭配、细节与符号设计等专业的设计环节作为物质基础。

2.3.1 剧院物理空间之物"境"

我国古代先贤老子认为一切皆由"道"所生。建筑和空间也一样,建筑的"无"也即是建筑空间,是天、地、物、人相互生发与融合的生命场所。建筑的"有"也即是建筑结构,是天、地、物、人协同构建的空间实体。建筑的"无"与"有"相互依存、相辅相成。西方科学认为空间即为物体存在、运动的(有限或无限的)场所,即三维区域,称为三维空间。空间是与时间相对应的一种物质客观存在形式,两者密不可分。物与物的位置差异度量被称为"空间",位置的变化则由"时间"度量。我们讨论的第一个层次"境"就是排除掉主观感受的实际存在的物质的空间,也就是由长度、宽度、高度、进深、形状等表现出来的三维物理空间。之后就是在三维的基础上引入了"时间"概念,就是四维的时空空间。空间是一个抽象和外延广泛的概念。

(1)三维物理空间的物"境"

三维物"境"空间是不以人的意志为转移的,是真实、客观的空间环境。中国古代用"开间、进深"一类的词来可观描述一个房间的基本三维尺寸。欧洲文艺复兴时期的画家对物体近大远小(缩短法)的观察体现在他们的写实派的风景油画上。意大利工程师菲利普·布鲁内莱斯基(Filippo Brunelleschi,1377—1446)是真正几何学意义上的透视法[Perspective,(图2-16)]的发明者。可见无论东方还是西方均认识到三维空间客观存在的

"性"与"量"。三维物"境"空间的另外一个的因素就是形状,根据鲁道夫·奥恩海姆的视知觉理论以及格式塔心理学理论,人的视觉知觉和视觉思维具备将看到的形体"简化"和"完型"处理。所以,人们看到一个空间或形体会"大体上"感知到它是球体的、立方体的还是圆柱体的。可见,尺度和形体构成了三维空间的两大要素。

(2)四维时空空间的易"境"

时间是与空间相对的物质形态。从哲学的角度来看,时间是度量运动和变化的尺度。有了时间才会有运动和变化,否则一切皆为静止的。古希腊哲学家赫拉克利特(Heraclitus,约公元前530—公元前470年)说过:"No man ever steps in the same river twice."释义为"人不能两次踏进同一条河流"。引申的意思是万事万物都是瞬息万变中。我国的《易经》是阐述天地世间关于万象变化的经典,汉字"易"就有变化、变动的含义。所以,我们所处的空间是时空交织、瞬息万变的空间。当人们行走于一个剧院的时候,眼前的空间场景随着时间顺序切换。人们观看演出的时候,随着一幕一幕的舞台布

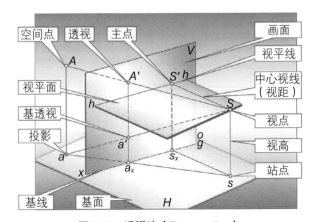

图2-16 透视法(Perspective)

景的转换也能体味到剧情极具张力的时空转换（图2-17）。即便是我们在某一个空间驻足停留，我们也会通过外部环境、光线在一天中的变化感受到时空空间。不同单体空间的组合、空间层次安排、空间序列组织是时空空间的要素。如中国传统园林就完美诠释了步移景易的时空空间设计手法（图2-18）。

2.3.2 剧院心理空间之意"境"

文学、绘画、雕塑等艺术门类构筑了各自的独特美学意境。中国现代建筑学的先驱梁思成和林徽因针对建筑创作和品评提出了"建筑意"——"这

图2-17 舞台布景的切换带来戏剧时空转换

图2-18 "步移景易"的拙政园

些美的存在，在建筑审美者的眼里，都能引起特异的感觉，在'诗意'和'画意'之外，还使他感到一种'建筑意'的愉快。……无论哪一个古城楼，或一角倾颓的殿基的灵魂里，无形中都在诉说，乃至于歌唱，时间上漫不可信的变迁；由温雅的儿女佳话，到流血成渠的杀戮。他们所给的'意'的确是'诗'与'画'的。但是建筑师要郑重地声明，那里面还有超出这'诗''画'以外的'意'的存在。"这段诗性又富有哲理的文字揭示了建筑空间审美的独特性和魅力。

意境空间是存在于人的主观意识里的空间。对它的研究更多是对审美主体而非审美对象的研究。正如英国戏剧大师莎士比亚所说，"一千个读者就会看到一千个哈姆雷特"。不同年龄、性别、地域、种族、文化宗教背景、受教育程度的观众一定会在审美经验、审美观念、审美趣味、审美判断、审美注意、审美感知、审美愉悦等审美心理过程和结构方面有巨大差异。故而，研究意境空间就需要从人主观生理和心理的通感效应，记忆与文化的熟悉而产生的温暖效应，对于深邃未知的心理敬畏效应来逐层递进地入手。

（1）五维通感空间的心"境"

观众对于一个观演建筑空间的体味和审美过程是一个极为复杂的心理过程，是对空间与环境的全信息的摄入和感知，人有"五觉"——视觉、听觉、触觉、嗅觉、味觉。但是，科学统计显示，人类对于世界的感知80%是通过视觉，视觉是人类最直观高效的知觉。同时，也不能忽视其他感官知觉对环境的主观建构。五种感觉是相辅相成、相互促进的。比如我们看见浩瀚的大海、听见呼啸的海浪声。有了这个感知经验后，我们关闭其中一个感官就会自动"脑补"出大海的全因素场面，这即是视

觉和听觉的通感效应（图2-19）。又如，古代有"望梅止渴"的典故（图2-20），士兵们依据以往的生存经验，看到梅子后嘴里分泌唾液以缓解口渴，这又是味觉和视觉的通感。再如，小孩子看到毛绒玩具就会感觉到温暖柔软，这是她生活经验积累后的触觉与视觉的通感。观演建筑尤其要重视"五维、通感"空间心境的营造，以最为丰富的信息量营造生动、魅力的剧场空间。

（2）六维记忆与文化空间的意"境"

感觉和知觉是人与生俱来的生理本能和心理本能，让我们能感知这个五彩缤纷的世界。而记忆与文化心理则是后天生活、学习、工作中逐渐积累和建构起来的。俗话说"一方水土养育一方人"。小到一个人的审美观、文化观、价值观的养成离不开他（她）原生家庭的环境、教育以及童年、青少年的生活学习轨迹，大到一个族群和民族的群体无意识的文化特征、审美观念、审美趣味等都与其生长栖息的地域自然环境、人文环境有千丝万缕的联系（图2-21）。如因受到老（子）庄（子）之"道法自然"的天人观影响，中国乃至东亚文化圈的建筑空间审美更倾向于与自然"谦和"的相处，人们对含蓄内敛的空间序列比较容易接受。而西方以其理性主义、批判主义的文化基因，特别是资本主义工业革命后科学技术的大发展，均使他们的建筑有一种"傲立自然、改造世界"的姿态。这是两种不同的天人观、文化观和审美观，不能说孰优孰劣，但

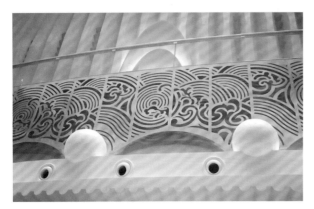

图2-19　视觉与听觉的通感——青岛秀场

图2-20　"望梅止渴"——视觉与味觉的通感

图2-21　上海船厂1862剧场改造——粒子化建筑/隈研吾

图2-22 波尔图音乐厅"傲"立于大地

图2-23 神圣的光从天而降——上海嘉定保利剧院

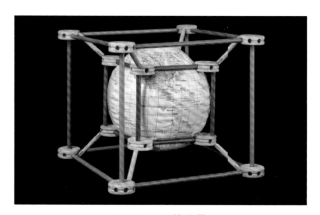

图2-24 万维世界

可以肯定的是，无论哪种文化圈层，对文脉与文化语境关注是观演建筑空间设计的重要维度（图2-22、图2-23）。

（3）七维神性空间的化"境"

当今社会，科学技术突飞猛进地发展，作为万物之灵的人类充分发挥自己的聪明才智建造着地球。但是，人类终究不是造物主。我们对地球的了解、对宇宙的了解甚至是对自己身体的了解还微乎其微。对于我们未知的万维世界，一定要抱持谦卑之心、敬畏之心、感恩之心处之，顺应自然，道法自然，以谦和的天人观营造我们诗性的栖居环境，尽量减少人工技术对自然的破坏，尽量让阳光、空气、鸟语、花香进入空间内部，只有这样人类与自然才能够和谐共生（图2-24）。

2.4 观演建筑室内设计的"理"规制

剧院建筑的室内空间是一个错综复杂的庞大的信息环境。不仅有客观存在的三维物理空间的物"境"、四维时空空间的易"境"，还有主观意识中的五维通感空间的心"境"、六维记忆与文化空间的意"境"、七维神性空间的化"境"等。要实现这样的物质和精神的、生理和心理的空间，需要"物质化"的功能空间的排布、界面造型塑造、光与照明设计、材质运用设计、色彩系统设计、细节构造设计甚至是装饰元素运用等"设计语言"的运用。建筑室内设计具备自己的"符码"体系，如果与文学语言类比，建筑室内设计从基本语素（形、光、色、质元素的甄选）的选择，到语法的运用（如不同材料构造细节所表现出来的砌筑感、编织感、架构感、颗粒感等所背后隐含的文化属性等），到段落的组织（用综合的设计手段营造出一个多维的、丰富的空间），再到最后的成文（空间序列组合为项目最终完整的语言体系，最终表达出完整的设计逻辑）。这是一个偏重理性的"编辑、推敲、研究、批判、顿悟、成型"的设计物质化的过程，是设计要素"理"规制的过程。

观演建筑作为一种特殊的公共建筑类型，它的设计语言体系的特点是什么？不同演出功能的剧场的设计语言体系的区别是什么？同一剧场内部不同功能空间的设计语言的区别是什么？这些都是值得思考和分析的。首先，观演空间作为城市公共文化空间，都是规模比较大的。从空间尺度的角度，我们需要从"大、中、小、微"四个尺度去研究设计语言。其次，从歌舞剧院、话剧院、戏剧院、音乐厅、音乐剧剧院以及秀场这些不同演出功能去探索不同的设计语言。最后，同一剧院分为专业的观众厅、观众厅外的面客公共空间以及演职员后区的非面客空间，这些不同功能的空间在完整的设计语言体系中表现各异。详见表2-1、表2-2、图2-25~图2-28所示。

2.4.1　空间层次与形态之梳"理"

天津大学彭一刚先生在其所著的《建筑空间组合论》对建筑空间的组织有了全面的论述。对于单体空间以及多个空间的组合而体现出"统一与变化、共性与个性、主从与重点、均衡与稳定、对比与微差、韵律与节奏、比例与尺度"等美学的原则。同时，建筑空间首先是为了满足功能，并且受到技术条件的影响和制约的。所以，观演建筑的空间层次、空间序列、空间尺度、空间形态等形式美学的语言一定需要功能和技术条件的过滤，才能成为真正落地的建筑和室内设计语言，所以也就离不开结构选型和结构逻辑的探讨，这是构筑物理空间的首要因素。

表2-1　某剧院大、中剧场空间尺度指标

	大剧场	中剧场	备注
台口尺寸/m（宽*高）	16×10	14×8	
最大俯角	楼座：21.8°	楼座：22.1°	
最大视距/m	楼座：31.3 池座：33.7	楼座：28.15 池座：24.35	
C值/mm	100	100	
体积/（m³/座）	8.4	6.5	舞台上不安装音乐罩情况下
第一道面光与舞台台口线夹角	46.7°	46.7°	规范中的"第一道面光"45°~50°
第二道面光与台唇边沿夹角	48.1°	45.0°	规范中的"第二道面光"45°~50°
第一道耳光与舞台夹角	40.2°	31.2°	规范≤45°
第二道耳光与舞台夹角	29.7°	17.0°	规范≤45°

续表

	大剧场	中剧场	备注
座椅排距/mm	950/1050	950/1050	其中1050为VIP座椅排距
座椅间距/mm	550/600	550/600	其中600为VIP座椅间距
座椅数量	池座1141座（其中：VIP57座，乐池151座二层楼座449）	池座605座（其中：VIP36座，乐池82座，二层楼座334）	无障碍座位：大剧场4座，中剧场2座
座椅数量总计	1590	939	

表2-2　某剧院中剧场空间尺度指标

中剧场对比方案			
	1000座中剧场	800座中剧场	备注
台口尺寸/m（宽*高）	14×8	14×8	
最大俯角	楼座：22.1°	楼座：29.3°	前者视点定在舞台面台口线中心台面处；后者视点定在乐池边缘
最大视距/m	楼座：28.15 池座：24.35	楼座：28.15 池座：24.35	
C值/mm	100	100	
楼座最大高差	500mm	630mm	后者需要增高前排椅背或增加栏杆
第一道面光与舞台台口线夹角	46.7°	46.7°	规范中的"第一道面光"45°~50°
第二道面光与台唇边沿夹角	45.0°	45.0°	规范中的"第二道面光"45°~50°
第一道耳光与舞台夹角	31.2°	31.2°	规范≤45°
第二道耳光与舞台夹角	17.0°	17.0°	规范≤45°
座椅排距/mm	950/1050	950/1050	其中1050为VIP座椅排距
座椅间距/mm	550/600	550/600	其中600为VIP座椅间距
座椅数量	池座605座（其中：VIP36座，乐池82座，二层楼座334）	池座605座（其中：VIP36座，乐池82座，二层楼座228）	无障碍座位2座
座椅数量总计	939	833	

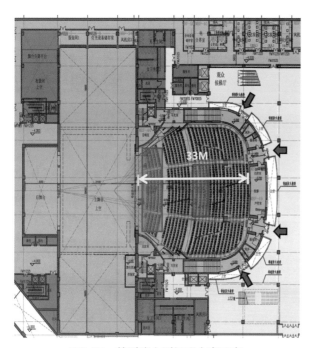

图2-25　某剧院大剧场观众席尺度

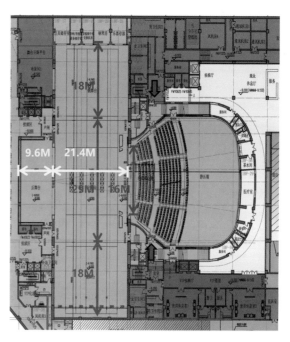

图2-26　某剧院大剧场舞台尺度

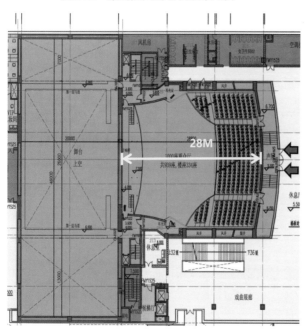

图2-27　某剧院中剧场观众席尺度

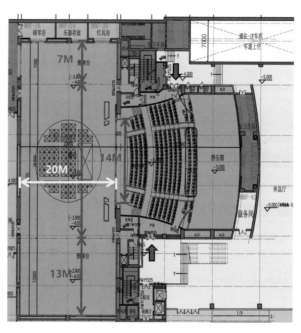

图2-28　某剧院中剧场舞台尺度

（1）观演建筑的面客区公共空间（大尺度、中尺度、小尺度、微尺度）

剧院的面客区公共空间满足观众在演出的前、中、后期的购票、取票、候场、集散、休息、交流等需求以及发挥展览、商业等功能。它是一个剧院的重要的空间，一般由门厅、候场厅、休息大厅、公共交通空间等组成。剧院门厅通常为大尺度（跨越两层以上的共享空间）的空间，也是整个剧院空间具备仪式感和文化象征性的空间，大尺度的空间容积也满足了观众进场和散场的大人流量。候场厅一般为中尺度（两层以下）的空间，是候场休息和交流的空间；其他的诸如售票厅、取票厅、展廊、商店、餐厅、咖啡等空间均为独立的小尺度甚至是微尺度空间。这些空间从功能上来看，是观演主体功能的必要补充，也在大尺度空间下增添了很多亲切、温馨的近人尺度空间，增加了空间尺度层次。

（2）满足观演功能的观众厅演艺空间（大尺度、中尺度、微尺度）

观众厅演艺空间是容纳"观演关系"的空间，包含了舞台和观众席两个部分。根据歌剧、舞剧、话剧、戏剧、戏曲、交响乐、室内乐、音乐剧、综艺秀、实验先锋剧等演出剧目的不同，剧场的尺度、形态、舞台与观众席的关系等均不同。如歌剧和舞剧的展现一般为1600座以上的大型剧院，座位数多、空间容积大保证了比较长的混响时间以满足歌剧欣赏要求。话剧、戏剧和戏曲的展现一般为800~1200座左右的中型剧院，适当的空间容积保证语言类剧目的演出时观众可以听清楚演员的台词、对白、念白；厅堂容积小也保证了最后一排观众可以看清楚演员的面部表情。交响音乐厅也需要较长的混响时间，所以厅堂的容积也较大。可见，观众厅的型制设计是由演出功能、演出剧目、声学要

求、视线设计等多种必要因素决定的。

（3）从面客候场区到观众厅演艺区的空间过渡（大尺度、中尺度、小尺度、微尺度）

前文单独论述了剧场公共区和剧场观众厅作为三维空间尺度上和形态上的特点。观众从城市空间到剧场的前厅集散空间，再到演出的观众厅空间这个流动线路就形成了一系列的空间序列。剧院公共空间是城市空间（现实空间）与观众厅（超现实空间）的生理和心理的双重过渡。剧院公共空间为观众观看演出前情绪的铺垫和预热起到了心理暗示作用，使人们暂时从城市的嘈杂、工作的压力和生活的琐碎中解脱出来。当夜幕降临，人们涌入艺术气息浓郁的剧院前厅等待一场视听饕餮盛宴的开始，随后通过幽暗的声闸进入到辉煌的剧院空间，尺度顿时豁然开朗，演出序幕拉开，剧场灯光逐渐昏暗，舞台亮起，观众进入自我陶醉的内心空间。这一系列的空间行进体验，经历了门厅（大空间）、声闸（小空间）、观众厅（大空间）等起承转合的丰富的心理体验，这个空间序列的组织是观演空间设计中重要的内容。

（4）观演建筑的非面客区演职人员后区空间（中尺度、小尺度、微尺度）

演职人员的后区空间是各类演出的有力保障。从主要的各类排练厅、热身厅，演员的化妆间、淋浴间、服装间，再到舞美的置景间、道具间，甚至包括演职人员和艺术总监的办公室、会议室、餐厅、洗衣间等均属于剧院运营的功能化空间。技术含量要求较高的舞蹈排练厅、声乐排练厅、话剧排练厅因为其声学、表演训练形态等的不同而导致空间的体量和体形不同。如舞蹈排练厅，有托举类的动作和指导老师需要多角度观察排练动态，所以对

空间层高要求较高；如旅游型主题剧场的排练厅，因为有杂技甚至飞行一类的训练，所以层高要求更高。依此推论，在不同演出功能的剧院设计中，演职人员的后场空间组织需要根据专业的演出形式量身定做。

在三维空间及形态的设计中，会应用到视知觉的相似性原理（有相似部分的性质，容易组成统一的整体）、接近性原理（彼此接近的元素进行基本组合）、完型心理学原理（完型性的视觉组织形式）、封闭性原理（视知觉对不完整形象的封闭倾向）。

2.4.2　空间光影与照明之机"理"

光是人类感知一切的前提。通过光人类才能感知到形状、色彩、肌理等周围环境的视觉信息。光影关系和光的设计在任何一个建筑设计中都尤为重要。观演建筑室内设计中光的设计也是一项专业而复杂的系统工作。从光的产生机理可分为自然光与光影设计及人工光照明设计；从观演空间照明的功能来分，又可分为舞台专业灯光设计、场灯功能照明设计、演艺工作蓝光设计；从照明的效果来分，可分为功能照明、装饰照明、氛围照明等。人工光照明通常用光通量、照度、色温、显色性、发光效率、功率等参数来描述光源的属性。照明设计也是艺术和技术、理性和感性的高度结合，光的设计不仅要满足国家的、行业的规范。同时，光也是一种诗意的、写意的塑造空间、造型、色彩、质感的语言（图2-29、图2-30）。谈到光的设计，我们还是从

图2-29　明适应和暗适应

图2-30　自然光分析

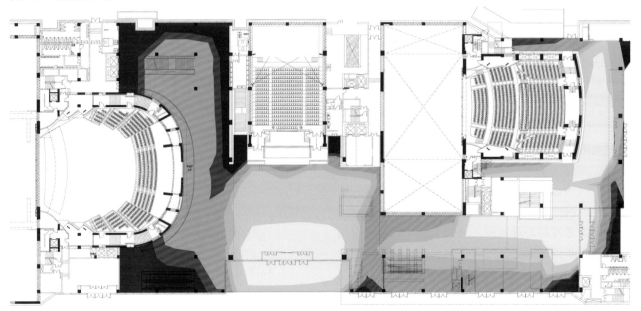

观演空间不同的功能空间来论述光的设计重点，其中包括剧院的公共空间、专业表演的观众厅空间、演职人员的后区空间。

（1）面客区公共空间（大尺度、中尺度、小尺度、微尺度）光的设计

剧场面客区的公共空间如门厅、过厅、休息大厅等交通集散空间，通常会尽可能地将自然光线引入到室内，达到城市空间到室内公共空间的柔和过渡。同时，自然光线在一天当中的太阳高度角的变化、色温的变化、光强的变化、随着天气阴晴而产生的室内自然光影的变化都会展示出四维时空空间的魅力。所以，室内设计要处理好自然光的引入与人工光照明设计的关系。自然光引入到室内第一个要注意的问题就是人眼的明适应与暗适应。在阳光充足的情况下，室外的照度在上万勒克斯（lux），室内公共空间的照度一般在200lux，这种巨大的照度、亮度的差别会导致人在通过这两个空间时眼睛会产生几秒钟的"失明"状况，人眼的瞳孔需要时间的调节来达到看清眼前的环境。在进行剧院公共空间照明设计时要考虑到这个因素，通过自然光的分析得出结论：需要通过人工光的设计来最大化地调节明适应和暗适应。所以在处理与自然光的关系上，我们应注意以下几点。第一，需要人工照明在自然光的不利角落进行有针对性的"补光"。第二，公共空间的人工照明设计要考虑功能照明（水平照度的设计），也就是满足日常的前厅的交通、集散、休息、商业等功能。第三，照明设计也要考虑界面照明设计（图2-31）。界面通常是指竖向围合空间的墙面，光对于不同界面轻重缓急、起承转合的渲染是建构心理空间的重要手段。第四，要有重点照明。重点照明是指对于空间中的视觉中心或者重点的视觉要素通过照明设计浓墨重彩的表达

图2-31 某剧场界面照明

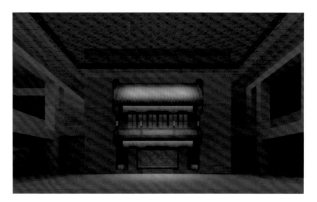

图2-32 某剧场重点照明

（图2-32）。第五，装饰照明是与功能照明相区别的概念。装饰照明不是满足基本的照度、照明均匀度等基本使用的需求，而是"锦上添花"式的丰富照明语言的内容。最后，就是空间的氛围照明，通常也可以称为多场景照明。同样的空间躯壳通过不同照明场景的智能化切换，如进场模式、散场模式、节日庆典模式、展览展示模式等会形成丰富的空间表情。

（2）观演建筑的观众厅演艺空间（大尺度、中尺度、微尺度）的照明设计

观众厅演艺空间的照明设计围绕着观演关系展

图2-33　水秀剧场水舞台下蓝光工作照明

开。通常，观众厅少有自然光的引入。照明设计处理的是专业舞台照明（满足演员表演，专业舞台照明通常包含台上照明、台下耳光、面光、追光等照明系统）、剧场基础场灯照明（满足观众进场散场）、剧场界面照明（满足剧场观演艺术氛围）以及工作蓝光照明（满足演职人员的转场、检修剧场设备等照明设备）（图2-33）。从面客候场区到观众厅演艺区的空间过渡（大尺度、中尺度、小尺度、微尺度），照明设计需要重点关注从城市空间、剧场前厅空间、剧场候场空间、专业演出观众厅空间的演出氛围和观众心理的层层铺垫与渲染，同时要尽可能考虑到人眼生理上的明适应和暗适应特点。

（3）观演建筑的非面客区演职人员后区空间（中尺度、小尺度、微尺度）

　　后区空间的照明设计需要严格根据演职人员以及特定演出团队的功能需求来设计。如化妆间、道

具间、服装间、各类排练厅等对于照明灯具的照度、显色性、色温、光通量等的要求都要服务于不同的演出剧目。

2.4.3　空间色彩与材质之肌"理"

　　色彩反映了事物的光学特性。描述色彩主要通过其色相、明度、纯度三个维度。国际色彩体系主要有日本的PCCS体系、美国的MUNSELL体系和德国的OSTWALD体系。色彩会给人类带来先天的心理效应及后天习得的文化心理效应。首先，在先天的心理效应方面，色彩具有冷暖感，暖色会比冷色心理感受上更加温暖，色彩有轻重感、大小感（色相和明度因素占主导）、软硬感（色相和纯度因素占主导）、前后空间感（色相、纯度、明度是主要因素）、华丽质朴、活泼庄重（色相和明度因素占主导）等心理感觉。色彩对人的心情亦可产生影响，如兴奋（暖色、明度和纯度高）和镇静（冷色、明度和纯度低）、轻快（明度高、纯度高）与凝重（反之）、华丽（色相变化多、纯度高、明快）与素雅（反之）、开朗（明度高、暖色、纯度高）与沉郁（反之）。色彩也具有文化性，比如红色，东方人觉得红色很喜庆，而在西方红色是不吉利的颜色，是暴力的代名词。

　　材料的材质与质感是表现空间表情的一个重要维度，同时也是复杂的设计语言系统。首先，从先天的知觉机能来讲，材料的肌理和质感是人综合视觉和触觉交互以后的综合知觉感受（通感感受），并在感受后得出对材料的内在和外在的评价，进而升华为对特定材料质感的特定感情。其次，材料的肌理、材料自身的结构理性、材料自身的力学逻辑、材料的建造方式以及潜在表现力等因素在东西方建筑史发展的过程中展示出来的文化性是不同的。材质的肌理被赋予了不同的文化性格和象征

性。（图2-34~图2-36）美国学者肯尼斯·弗兰姆普敦的《建构文化研究》就对材料及其建构的文化性进行了深入权威的论述。

材料的另一个维度——功效，特别是针对观演空间的材料功效来分，通常分为吸声材料、隔声材料、反声材料以及声学扩散体构造（图2-37）。吸声材料是指减弱声波在媒介中的传播强度、降低声能的材料。

吸声材料大致分为三类。第一类是多孔结构的材料（吸收中高频声音）。多孔吸音材料的表观特征一般为颗粒状、绒状和泡沫状。第二类是利用内部共振结构衰减声能的材料（吸收中高频声音），市场上常见的木质穿孔吸音板就是此种材料。第三类是由薄板及薄膜组成共振的材料（吸收中低频声音），FC板、石膏板、硅钙板、埃特板、金属薄板等均可以充当此种低频吸音材料。

隔声材料具备减弱声波在媒介中传播的功能，有助于创造安静的观演环境。隔声效果的实现一般通过空气腔体隔声以及固体隔声两种来实现。

反声材料与吸声材料相反，它需要表观硬度大、结构密实才能具有反射声音的效果，通常有GRG、石膏板、金属板、蜂窝金属板的表面光滑致

图2-35　马里奥博塔的砌筑感肌理

图2-36　隈研吾的架构感肌理

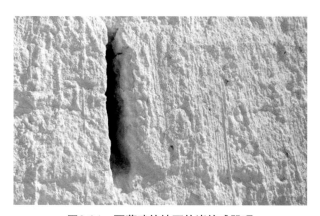

图2-34　西藏建筑墙面的浇筑感肌理

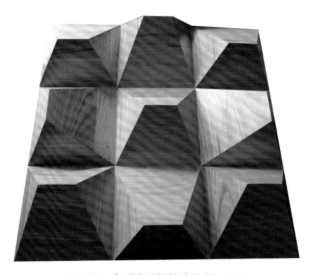

图2-37　木质声学扩散体的数理肌理

密的材料。

声学扩散体严格意义上属于一种材料微型构造。扩散体的作用是减弱声音的"定向反射",让声波扩散得更加均匀。这个声场扩散理论来自德国物理学家。声学扩散体的材料一般为天然木质扩散板,在声音的反射中产生扩散,使音质更加丰富和圆润。木质扩散体本身具备数理逻辑的内在美感。

观演建筑的观众厅演艺空间(大尺度、中尺度、微尺度)因为演出功能的不同,所对应的声学环境要求不同,这样导致剧场的台口、墙面、顶面、地面等部位的材料对吸声、反声、扩散体等布置的要求和范围不同。而在门厅、过厅、休息大厅、交通走廊等公共空间,隔音和吸声则是决定材料质感的主要因素。

2.4.4 空间细部与符号之意"理"

建筑和室内设计具有隐喻和象征性是毋庸置疑的。而关于象征或者隐喻的含义在《牛津文学术语》中是这样阐述的:"在最简单的意义关系中,一切代表和表现其他东西的都叫符号(象征)。可见,指代另一个事物的形式、样式被称为符号,而由符号指代另一件事物的这个过程和结构即为象征。"象征的概念是一直处于动态发展中的。象征有广义和狭义之分,广义的象征指符号(Symbol)或者记号(Sign),狭义的象征是指人文主义意义上的符号(Symbol)。

符号理论研究领域将符号分为三种。第一种是图像符号。这是通过模拟对象的外在形象并尽量达成相似而组成的,如描摹人物的简笔画就是这种符号,受众通过观察形象的相似度来辨认符号指代的本体。第二种是指示符号。指示符号与所指代的对象之间具有因果或是空间的关联,如室内空间中的标识引导系统就是这类符号。第三种就是象征符号。通常来讲象征符号与所指代的对象没有必然的内在意义联系和直观的外部表观联系,它是经过社会发展过程中逐渐约定俗成的结果,如中国传统文化中用"鱼"的形象代表富裕,虽然"鱼"跟"裕"谐音,但是在内在意义上没有任何关联。这就是约定俗成的象征符号。

在观演建筑和室内设计中,设计语言中的象征符号主要体现就是上述的第一种和第三种符号演变。同时,又有不同文化内部驱动的自身建构细节的符号积累。所以,文化是象征的意义和体系;各个民族都有自己的象征表达体系,不同民族的不同象征表达体系是对自然和社会的不同理解。

(1)"象形化"的装饰纹样符号

这种符号是对本体母题进行象形化的描摹而逐渐形成,人们通过对其外观的相似性辨析可以联想和推论出其象征的内容和意义。如中国藏族传统的吉祥八宝的纹样,就是对这八种具象事物的形象进行形式化的提炼概括出来的(图2-38)。

图2-38 藏族传统的吉祥八宝

（2）建构细节积淀的文化象征符号

如果说东西方建筑史一个是由"木"构架的史诗，而另一个史诗就是"石头"砌筑出来的。东亚传统建筑的大木作一般包括柱、梁、枋、垫板、桁檩（桁架檩条）、斗拱、椽子、望板等基本构件。家具等小木作原则上采取榫卯连接的方式（图2-39）。这个木构架的细部就逐渐成为"中式"的代名词（图2-40）。西方古代建筑的拱券技术推动了大型建筑空间的发展。利用块料之间的侧压力建成跨空的承重结构的"发券"，柱廊序列也成为"欧陆风"的视觉符码（图2-41）。

（3）"约定俗成"的装饰纹样符号

这类符号通常有诸如母体符号、色彩符号、数字符号、体量符号、功能符号等几种形式。

图2-40　红色的柱子象征高等级的中式建筑

图2-39　"榫卯"结构的中式象征

图2-41　拱形廊的欧式象征意味

2.5 观演建筑室内设计的"术"应用

2.5.1 观演中服务于"演"的技术

本节论述的内容是观演空间的专业技术的应用，这也是最为理性的部分，具体分为服务于演出的技术应用、服务于观看的技术应用以及服务于剧院运营及管理的技术应用三个大部分。

（1）舞台设计

舞台是演员演出的场地。根据演出功能和剧目的不同，舞台的形式通常分为品字形舞台、箱式舞台、尽端式舞台、岛式舞台、中央式舞台、环绕式舞台、多功能舞台以及特设效果舞台（表2-3）。以歌舞剧演出为主的剧院一般采用品字形舞台，这是运用舞台机械最为复杂的一种舞台，其他的舞台形式和舞台机械都是品字形舞台技术设施内容的变化和简化组合。近些年来，随着旅游主题剧院的逐渐增多，特设效果的舞台也越来越受到关注，如澳门"水舞间"、武汉"汉秀"的水秀舞台，这是一种新型的舞台形式，将在秀场的章节详细论述。同时，因为演出形式和观演关系的不同，舞台机械的运用一般分为三种：剧场将所有演出需要的硬件设施准备齐全的固定备用式舞台，以用于长期演出一种剧目，采用下空舞台；由剧团提供其使用的剧场演出设备、量身定做式的舞台；观演关系可变，舞台观众的数量可调，采用声学可调的灵活可变式的

表2-3　不同演出功能的台口及舞台对应尺寸

剧种	观众厅容量/座	台口/m		主台/m		
		宽	高	宽	进深	净高
戏曲	500~800	8~10	5.0~6.0	15~18	9~12	12~16
	801~1000	9~11	5.5~6.5	18~21	12~15	13~17
	1001~1200	10~12	6.0~7.0	21~24	15~18	14~18
话剧	600~800	10~12	6.0~7.0	18~21	12~15	14~18
	801~1000	11~13	6.5~7.5	21~24	15~18	15~19
	1001~1200	12~14	7.0~8.0	24~27	18~21	16~20
歌舞剧	1200~1400	12~14	7.0~8.0	24~27	15~21	16~20
	1401~1600	14~16	8.0~10.0	27~30	18~24	18~25
	1601~1800	16~18	10.0~12.0	30~33	21~27	22~30

[表格来源：《剧场建筑设计规范》（JGJ 57—2016）]

舞台（图2-42）。

作为主流观演场地形式的"品"字形舞台，包括乐池区、主舞台区、侧舞台区、后舞台区四个部分（图2-43）。舞台面下部机械（台下机械）包含主升降舞台、两侧车台、车补台、后车台、转台、微动台、升降乐池、演员活门、控制系统等机械设施。升降乐池是供乐队伴奏使用的区域，通常设置在观众座席和舞台之间。乐池升降台的停位层一般为舞台层、观众层、乐队进入层、座椅层等四个层。乐池区可以根据演出的剧目种类不同，灵活变换为舞台、观众席（图2-44）。乐池需设置升降栏杆，当乐池升降台低于观众座席平面时，升降栏杆可以防止观众坠入乐池的基坑内。舞台的主升降台是现代机械舞台的主体，是剧院台下机械的重要组成部分。主升降台可以形成不同高度的舞台形式；与侧车台、后车载转联动使用可以实现丰富动态的

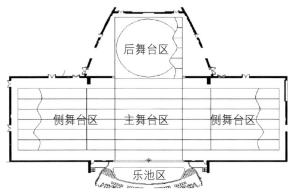

图2-43 品字形舞台

舞台效果。一般情况下，侧车台的配饰数量与表演区的升降台的数量相同，并同时设置与之对应的车台补偿台。主升降与侧车台之间的转换可以通过舞台布景实现；同时侧车台、补偿台保证演员的安全。舞台面上部机械（台上机械）包含各种电动吊杆（台口外、主舞台、后舞台）、灯光吊杆（主舞

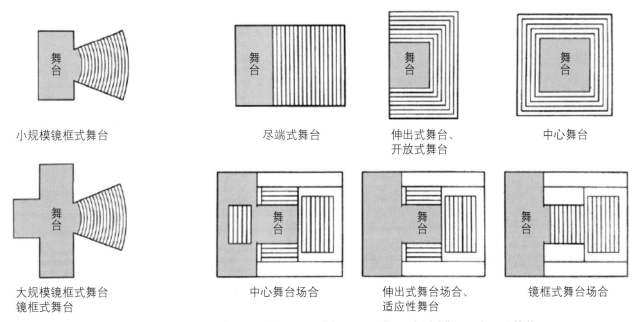

图2-42 舞台与观众席的多种位置关系/《音乐厅·剧场·电影院》，服部纪和等著

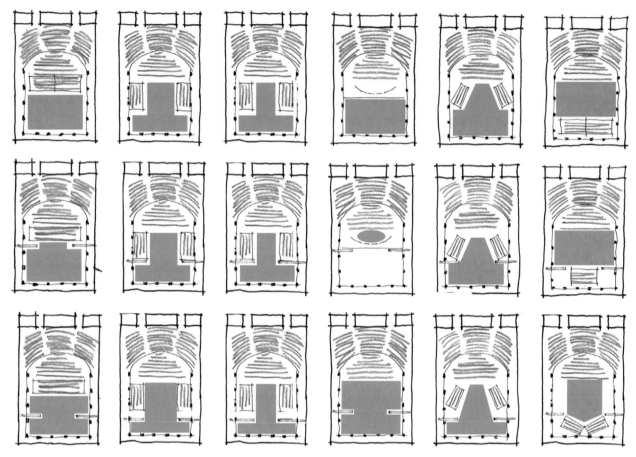

图2-44　多功能舞台的变化

台、后舞台)、单点吊机(固定和可移动)、灯架、防火大幕、假台口、灯光渡桥、舞台活动声反射板、银幕架、葡萄架、控制系统等;滑轮层和格栅层的结构形式应根据舞台机械设备的工艺布置要求进行合理化设计。

(2)舞台灯光专业

舞台的灯光是形成舞台美术的重要组成部分,通过对照明设备进行有效控制为演出提供特定的艺术照明效果,创造特定的情境和艺术意境。舞台灯光专业主要包括以下内容。① 舞台灯光控制系统设计,包括确定舞台灯光控制系统的构成与规模、专用设备数量、种类以及主要技术规格指标等。② 制定灯光用房的设计要求,包括舞台布光用房、技术用房及辅助用房的位置、大小、门窗洞的开启方式、房间装修施工要求等其他要求。③ 舞台工作等照明系统设计,包括明确舞台工作等照明灯光的数量与位置的确定、装台照明系统的设计。舞台灯光用房包括透光用房、吊挂设备、技术用房、辅助用房，具体为耳光室、面光桥、追光室、舞台区顶光、侧光等布光设施以及灯光控制室、调光柜室等房间。④ 场灯系统的设计，包括确立场灯控制系统的组成、专用设备量、种类、技术规格指标。舞台灯光专业主要是布置剧场内的耳光、面光、追光、顶光、侧光、假台口光、柱光、天幕光、天地排光、脚光、流动光等投光位置，明确布光原则以及各种灯位的数量和种类要求（图2-45~图2-47）。

舞台灯光专用设备系统包括：① 灯光控制台，它向调光器发送控制信号，以控制调光器从而达到对舞台灯光进行编组和控制灯光亮度变化的功效；② 调光器，用来接收调光台发来的控制信号，从而控制舞台灯具的开关和亮度的变化；③ 灯光网络控制，通常采用以太网络结构组成控制信号传递网络；④ 舞台照明灯具，根据光源、光学器件、灯体构造以及材料的不同通常分为常规灯、电脑灯和LED灯等三大类。按照照明功能和光学特性又可分为，聚光灯具（平凸聚光灯、螺纹聚光灯、追光聚光灯、造型聚光灯、幻灯聚光灯、回光聚光灯、光束聚光灯）、散光灯具（天幕散光灯、条灯散光灯、排灯散光灯）、特殊效果灯（自然气象效果、舞台效果）等三种。

（3）剧场音响专业

剧场音响专业一般是指音响扩声系统，具体分为扬声器（音箱）系统、音频信号调控和处理系统、节目源重放的录制设备系统、音响扩声系统中的搭配设备。其中，扬声器（音箱）系统的运用和判断通过以下几个客观因素：① 扬声器的结构形式，包括一体式和分体组合式、线声源阵列式、号筒式和纸盆式、无源分频式和有源分频式、无源（外置供方）式和有源（内置供方）式；② 体积和体形；③ 指向特性；④ 灵敏度；⑤ 推动功率。扬声器判断的主观因素包括：① 还音重放特点，每个品牌由于设计理念、制造材料、应用定位、产品成本等方面的不同，都有各自的还音重放特点，在选择音箱系统的时候要根据会议、戏剧、音乐演出等不同的使用功能有针对性的辨别；② 重放的音质和音色的特点，每个品牌还有重放的音质和音色的特点不同，譬如有的清晰、有的浑浊、有的明亮、有的暗淡、有的保持原因、有的变调。不同的节目源和主观听感，瞬态失真，频率响应、频带带宽、频率特征曲线等等因素也会影响主观的听感效果。扬声器处理器按照形式和功能分为模拟式、数字式、串联式、反馈式、外置式、内置式，按照匹配性分为专用式和通用式两种。功率放大器的客观技术指标包括输出功率、输出连接形式、输入灵敏度；主观判断因素包括还音重放的音质和音色、瞬态特征。

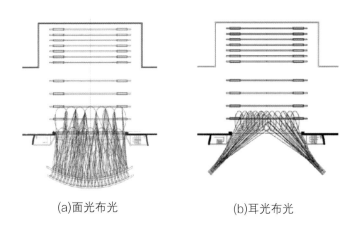

(a)面光布光　　　　　　(b)耳光布光

**图2-45　剧场面光与耳光布光示意图/
《舞台灯光建筑技术条件研究》，白杨**

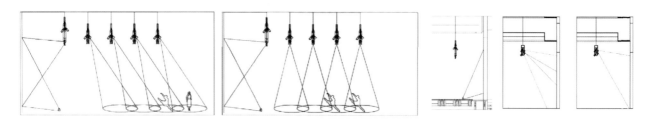

图2-46　剧场舞台顶光布光示意图/《舞台灯光建筑技术条件研究》，白杨

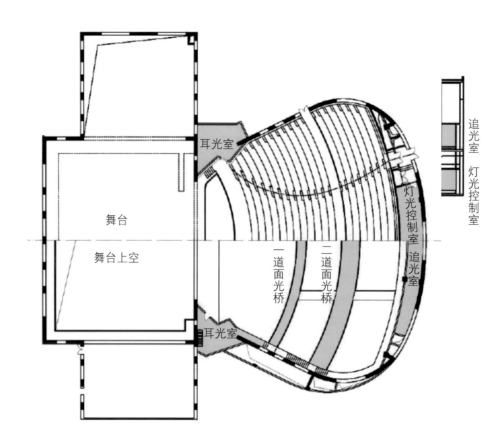

图2-47　剧场舞台灯光用房平面示意图/《舞台灯光建筑技术条件研究》，白杨

2.5.2 观演中服务于"观"的技术

（1）建筑声学设计

人类能感知到声音的机理是这样的：物体振动形成声音。这种振动的物体被称为声源。物体的振动引起周围的气体振动，振动以声波的形式向外扩散。声波到达耳朵引起鼓膜的振动，鼓膜振动将声音的信号传输到大脑的听觉中枢神经。如此过程之后，人类就听到了声音。声波的传输需要通过物质媒介，媒介通常分为气体、固体、液体等。剧院是供观众欣赏表演和聆听音乐的场所。声学环境的品质是观众欣赏演出的重要的一个方面。在将近200年的建筑声学发展史里，从1838年，罗素提出等响曲线开始，1889年阿德勒按照等响曲线设计了芝加哥剧场。1898年，赛宾提出混响时间理论，标志着声学进入定量化发展阶段。1934年，实体声学缩尺模型试验由德国的斯潘多克提出。1950年，室内声场模拟实验应用于具体的工程中。建筑声学的突飞猛进更加有利于创造观演建筑的声学环境了（图2-48，图2-49）。

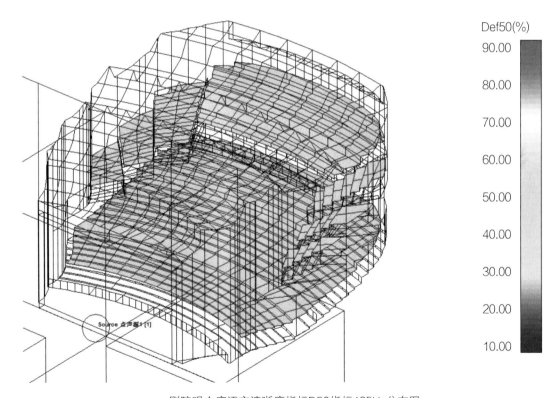

剧院观众席语言清晰度指标D50指标125Hz分布图

清晰度用直达声及其后50ms内的声能与全部声能比值的百分数。

计算机模拟显示，歌剧演出使用时，主要区域均满足50%~55%，说明观众席音质清晰度高、明亮、亲切。

图2-48 某剧场语言清晰度的计算机模拟/王鹏

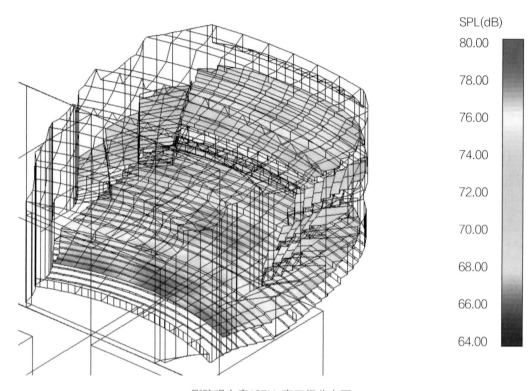

SPL(dB)

80.00

78.00

76.00

74.00

72.00

70.00

68.00

66.00

64.00

剧院观众席125Hz声压级分布图

通过合理的声学扩散设计，解决声场不均匀问题，使观众厅声场分布均匀。

计算机显示，声场不均匀度在±3dB以内，无声场缺陷，满足声学设计要求（±4dB以内）。

图2-49　某剧场声场均匀度的计算机模拟/王鹏

定量化声学研究有以下重要指标。

①混响时间（RT）。其定义为声源在室内停止发生后，声音逐渐衰减直至几乎听不到所经历的时间。混响时间长的音质较为丰满；混响时间短，音质清晰但是较为干涩。混响时间也不是越长越好，太长会破坏声音的可懂度，通常歌剧演出的中频混响时间在1.3~1.6s之间较为适宜。

②早期衰变时间（EDT）。影响大厅对歌声的支持程度，对提高音乐高音区的清晰度也有帮助。

EDT太长也会降低歌曲的可懂度。

③亲切感（ITDG）。亲切感的意思是音乐听起来像是在小房间内演奏一样。观众感觉与演员亲密接触。亲切感与初始时延间隙ITDG有关，ITDG是直达声到达时刻与一次反射声到达时刻之间的间隔，当ITDG短于25ms时，歌剧演出才有亲切感。

④空间感。意思是达到观众的声音应包含大量的早期侧向反射。即是说声源要尽量展宽。

⑤扩散。音质条件较好的观众厅，在墙面、楼

座和池座的台口装饰和装饰吊顶上都设有大小不等的不规则装饰物。这些装饰物使声音的频率成分丰富。

⑥ 声音强度（G）。声音强度关系到响度，它在整个剧院中应该尽可能地均匀，声音强度与大厅容积（m³）对早期衰变时间（EDT）的比值有关。

⑦ 支持度因子（ST1）。这是指从附近反射面反射回到乐池中乐师耳际的乐队声音的强度的指标，反映大厅对演员表演的支持程度。

⑧ 明晰度因子（C80）。反映早期（0~80ms）声能与后到（80~3000ms）声能之间的相对强度，以dB表示。C80一般在-4~4dB之间。

⑨ 声反射面。舞台前上方和眺台挑口饰上的声反射面须特别设计，以便加强观众席区演员歌声的强度（图2-50）。

声学与建筑及室内设计专业配合的工作如下。

① 初步声学核算。对多功能剧场的建筑空间提出要求（如剖面、容积、界面等），详细核算体积、每座容积率等声学参数；结合装修设计计算与分析，提出报告厅吊顶位置设计、墙体角度设计等技术措施，在配合期间解决各类存在的声学技术问题。

② 设计方案的声学核算。结合装饰设计方案进行概念性声学装饰的指标确定与声学核算，包括装

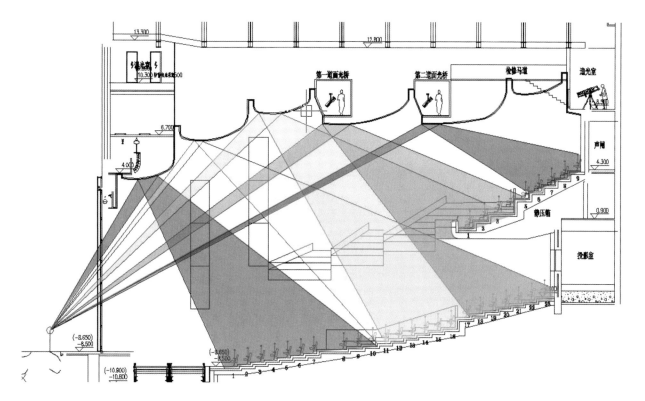

图2-50　某剧场一次反射声示意图/王鹏

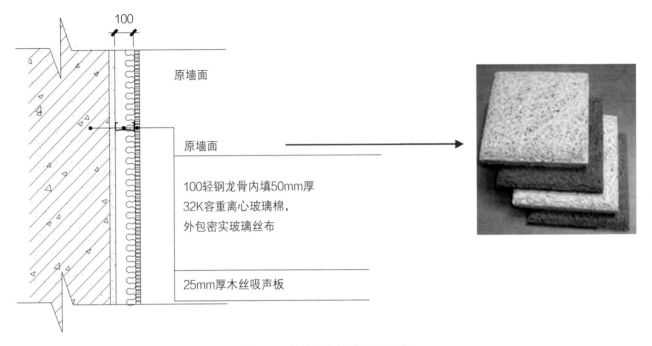

100

原墙面

原墙面

100轻钢龙骨内填50mm厚
32K容重离心玻璃棉，
外包密实玻璃丝布

25mm厚木丝吸声板

图2-51　某剧场的材料构造/王鹏

修饰面的声学处理、吊顶位置、墙体角度等声学构造设计，提出各个构造部位的声学构造节点，在装修设计阶段同步完成建筑声学专项设计。

③ 配合室内设计方案声学设计。根据声学装修方案核算与声学设计报告，完成馆内的建筑声学设计，含室内混响时间设计、室内声场分布、语言清晰度、材料选择建议等，进行数据分析、方案声学效果评价、改进方案分析等，并汇集成声学设计报告提交。

④ 计算机音质模拟测定。通过模型模拟分析，指导报告厅装饰装修方案，同时对选定的主要声学材料和设备进行审核；提交计算机音质模拟声学分析报告。

⑤ 指导精装修设计。配合室内设计确定报告厅和大堂墙面、天花声学材料（包括吸声面、反射面及扩散面）的配置位置、材料选择及构造方案，并提出相应的声学技术要求（图2-51）。

⑥ 过程中的技术服务和要求。座椅的声学性能是影响房间内音质的重要因素，根据建筑声学技术性提供座椅设备招标与声学相关的技术要求；并配合业主要求座椅厂家进行座椅吸声量的声学测量，要求座椅厂家提供18把座椅分别进行空椅状态、坐人状态的吸声量实验室测量。依据测量结果，控制座椅的吸声参数范围，必要、及时地调整座椅胎体密度、胎体覆膜、胎体薄厚，座椅外层布料流阻等参数。通过科学、合理的调整，把座椅调整为美观

舒适的声学功能座椅。同时，提供剧场内声学装修部分招标与声学相关的技术要求；配合甲方及时解决施工过程中现场出现的有关声学技术问题，尤其是与装修用料有关的问题，并参与必要的现场技术协调会议。

⑦ 材料声学参数审核。提供声学装饰涉及范围内的各种声学材料的声学参数指标，包括墙体材料空气声隔声、声学材料的各个频带吸声参数（表2-4）；协助甲方书面审查与建筑声学专业相关材料和设备供应商的技术能力和水平，提供评估意见，

表2-4　某剧场的材料吸声参数/王鹏

木饰面材质构造的吸声系数范围为：

频率/Hz	125	250	500	1000	2000	4000
吸声系数	0.00~0.15	0.00~0.10	0.00~0.03	0.00~0.03	0.00~0.03	0.00~0.03

可变吸声部分构造的吸声系数范围为：

频率/Hz	125	250	500	1000	2000	4000
吸声系数	0.25~0.35	0.40~0.70	0.65~0.95	0.70~0.85	0.75~0.90	0.80~1.00

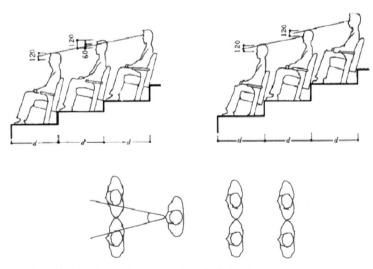

图2-52　剧场视线设计的C值（隔排错位与不错位）/《建筑设计资料集》（第二版）

提供标书文件所需的声学材料类型、设备参数、性能、技术要求专业性强的参考资料。

（2）剧院观演视线设计

决定观演空间视听效果的要素中，观众席要做到通视和明视是尤为关键的。通常视线设计包含以下几个重要的技术因素。① 视点，就是观众看向舞台演出的一个参照点。视点的选择关系到观众座席区可见与不可见的范围。比如传统的镜框式舞台，视点一般选在舞台面上大幕线投影的中点。② 观众厅视角设计。包括两个方面：a.水平控制角与偏座控制线，角度越小，表演区及天幕区被台口侧框遮挡的部分越少，视线也就越好，一般规定水平视线角度控制在41°~48°之间，在实际的设计中综合考虑台口的宽度、观众厅的平剖面选择、舞台深度等相关因素；b.垂直控制角，其中又包括俯视角和仰视角。俯视角关系到楼座后区观众的观看效果，仰视角关系到池座前区观众的观看效果。一般设计中做多考虑的是俯视角。③ 视距问题。观众在看演出的时候，根据不同的演出功能，视距的要求也不同，比如话剧需要能看到演员面部的表情，舞剧相对侧重看到演员的形体动作。所以，不同的专业演出对应不同的视距选择。④ C值（图2-52）。这个专业数值是指观众的视线（落到视点的视线）与前一排观众眼睛的垂直距离，直线升起值不得小于此C值才能保证良好的视线质量。我国剧场设计的C值一般采用12cm（相邻排座对位情况下）和6cm（相邻排座错位情况下）。⑤ 观众区地面坡度值的确定。座席地面的层层抬升是为了保证观众有最好的观演感受。这个坡度升起不是简单的越高越好。需要综合考量舞台高度，第一排观众到舞台的距离，排距、座距、人流组织以及应为厅堂容积而产生的声学指标等综合因素。

2.5.3 观演中服务于"管"的技术

剧院的日常管理、运营、后勤方面的技术设备设施也是建筑与室内设计需要关注的因素，在本书内不做重点论述。基本内容涵盖以下几个方面。

① 内通设备布局：舞台视频监控显示器布点要求，包括总经理办公室、艺术和技术副总办公室、技术总监办公室、排练厅、舞台监督办公室、演员休息室、化妆间、技术（音响、锁具、灯光、特效等）工作间和控制室、灯光控制室、潜水调度室、自动化操作室（含舞台机械和威亚）、水火特效控制室等，舞台监控摄像头布点要求，音响控制台设置在观众席以便于更好地监听现场音效的效果，要考虑设备的检修通道和维修空间，舞台机械及控制系统应考虑双回路供电。② 寻呼扬声器设备布局。③ 视频监控设备布置。④ 无线话筒电线布置。⑤ CUE设备布局。⑥ 标识导引系统。

2.6 观演建筑室内设计的"情、境、理、术"体系的理论框图

观演空间设计的情、境、理、术的体系的理论构架框图详如图2-53所示。这既是设计体系同时又是项目的解读体系。

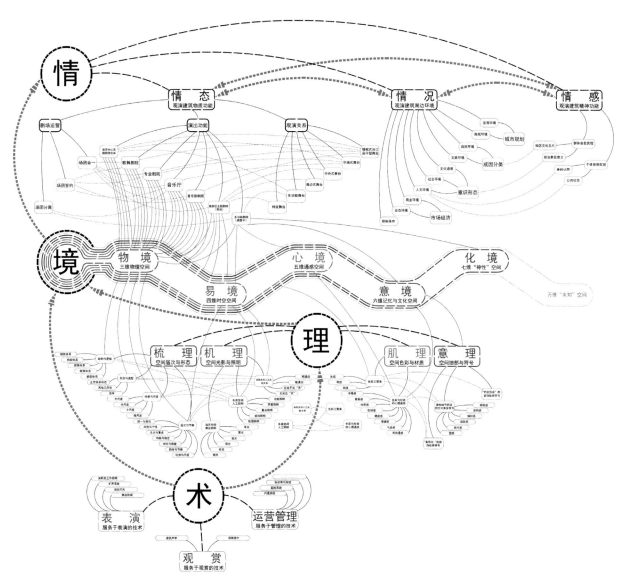

图2-53 "情、境、理、术"理论框图

CHAPTER

03

演艺中心及剧院综合体的"情、境、理、术"系统分析

本章以湖南长沙梅溪湖国际文化艺术中心项目为例解读演艺中心类型的观演空间室内设计的"情、境、理、术"全因素体系的特点和内容。

3.1 演艺中心及剧院综合体的"情"本体

3.1.1 项目周边环境之"情"况

（1）项目宏观环境与微观环境

梅溪湖位于湖南省长沙市，是大河西先导区开发的重点片区。此区域定位为长沙未来城市中心，包括国际文化艺术、国际商务、科技创新研发、国际会议会展、专家院士村、高端住宅等几大功能区。梅溪湖国际新城先后获批首批"全国绿色生态示范城区"和"国家智慧城市创建试点城区"等国家级荣誉。梅溪湖国际文化艺术中心位于湖南省长沙市大河西梅溪湖片区，雷锋西大道和梅溪湖路交叉口的西南角，总用地面积约为88080m²。项目业主为梅溪湖投资（长沙）有限公司，建筑设计师为国际知名建筑师事务所Zaha Hadid Architects（UK），国内合作设计单位为广州珠江外资建筑设计院，幕墙设计顾问为英国Newtecnic有限公司，声学设计顾问为上海现代设计集团章奎生声学设计所，舞台设计顾问为昆克具有工程咨询（北京）有限公司，剧院工程顾问为保利（北京）剧院建设工程咨询有限公司。

（2）项目自然环境、人文环境、文脉环境

长沙以湘江为界分为河东、河西两大部分，多年来，长沙市的中心一直在河东。而一江之隔的梅溪湖，似乎与"繁华"无关。早在20世纪50年代，并没有"梅溪湖"，只有一个叫"梅子滩"的偏僻乡村。1958年，梅子滩改名梅溪湖，当地农民挖了一条河道，原来的小水塘逐渐消失，村民开始大片种植葡萄。梅溪湖由此得名和逐步发展。梅溪湖属

于岳麓山的桃花岭景区，虎形山就像一个趴在岳麓峰下的一只老虎。梅溪湖地理位置是当代城市圈内难得的山水环境。梅溪湖虽然既无梅也无溪，但是地处岳麓山的西面，自然环境充盈着灵气与仙气，青山如黛，绿树成荫，空气清新，是市民休闲的好去处（图3-1、图3-2）。

（3）项目的社会环境与文化语境

从昔日葡萄园，到如今的长沙城市副中心，梅溪湖经历了脱胎换骨的变化，成为长沙唯一集商业、商务、科研、艺术、山水、人文于一身的超大规模地标建筑群。在这里，长沙实现了一个关于城市未来的梦，拥有了比肩世界的力量。

图3-1　梅溪湖国际文化艺术中心区域环境

图3-2　梅溪湖国际文化艺术中心鸟瞰

（4）项目周边商业环境

曾经仰望湘江东侧繁华的梅溪湖成为长沙市最具活力的城市新中心。面貌一新的梅溪湖越来越多的人选择到这里生活，越来越多的企业选择在这里扎根。如集购物、办公、商务、居住于一体的城市综合体金茂广场，以及集服饰零售、生活配套、儿童体验、餐饮美食、健康生活于一体的览秀城。梅溪湖区域越来越有吸引力。绿跑中国、梅溪湖灯光节、国际文化艺术周、生态游等一系列活动，彰显着梅溪湖新城生态、健康的魅力。

3.1.2 剧院物质功能之"情"态

梅溪湖国际文化艺术中心为典型的演艺中心模式。该中心可以进行大型歌剧、舞剧、交响乐、戏曲、话剧等高雅艺术表演，同时兼具艺术展览、艺术交流、艺术培训、艺术品交易等功能。项目由

1800座大剧院、500座多功能小剧院以及艺术馆三个部分组成。总建筑面积约为$1.26 \times 10^5 m^2$，其中，地上建筑面积约为$7.47 \times 10^4 m^2$，地下建筑面积$5.12 \times 10^4 m^2$（图3-3）。

大剧院的总的建筑面积约为$4.80 \times 10^4 m^2$，拥有1800个观众席，是国际一流的歌舞剧、音乐剧、大型交响乐等的演出场所，大剧院为经典的"镜框式台口"和"品字形舞台"的观演关系。观众厅的后区配以必要的辅助空间如行政办公室、排练室、后台区域、衣帽间和更衣室等（图3-4）。

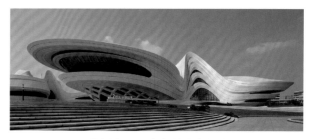

图3-3 梅溪湖国际文化艺术中心建筑外观

长沙梅溪湖国际文化艺术中心 大剧院二层平面图

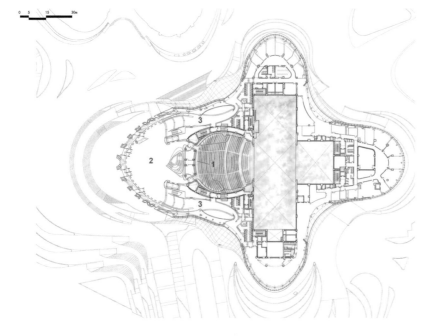

1.大剧院观众厅
2.前厅
3.等候空间

图3-4 梅溪湖国际文化艺术中心大剧院平面图

多功能小剧场建筑面积约为$1.6 \times 10^4 m^2$，拥有500个观众席，可以通过调整配置来满足从小型戏剧表演、时装秀、音乐演出到宴会及商业活动等不同的使用需要。舞台形式为尽端式舞台。

艺术馆的总建筑面积约为$4 \times 10^4 m^2$，八个展厅围绕着中庭布置，中庭空间用于展出大型装置和举办活动。同时，艺术馆还设有为研讨会准备的多功能空间，以及多个艺术品展厅、艺术品拍卖厅、多功能厅、多个报告厅、培训师、艺术家工作室、咖啡厅和艺术馆商店等。

3.1.3 剧院精神功能之"情"感

梅溪湖国际文化艺术中心是梅溪湖国际新城的重点文化产业项目。建筑设计由普利兹克建筑奖得主Zaha Hadid及其建筑设计团队操刀，可见当地主管部门希望将梅溪湖国际艺术中心打造为长沙乃至湖南新文化名片的雄心。本案填补了长沙和湖南省高端文化艺术场所的空白（图3-5）。其中，大剧院举行各类受欢迎的表演和电视节目，如湖南卫视打造的《声入人心》音乐真人秀，高流量的男团在梅溪湖国际文化艺术中心大剧院带来了一场声音的饕

图3-5 梅溪湖国际文化艺术中心"流动"的建筑外观

餐盛宴。对于长沙和长沙人来说，勃勃生机的梅溪湖是城市未来梦想实现的依托。

3.2 演艺中心及剧院综合体的"境"营造

3.2.1 剧院三维"物境"与四维"易境"空间的营造

  1800座大剧院的整体建筑的西北处设置了24小时全天候的售票处和信息中心，票务中心位于前厅和地下室之间，它可以通过大剧场的内部和外部前往。游客和观众将会沿着景观走到景观前院。大剧院的前厅空间是一个三层共享的公共空间，满足剧院的人流的集散和休息功能（图3-6）。大剧院包含了所必备的功能空间，其中包括大堂、衣帽间、酒吧、餐厅等功能区。当人们进入大厅，映入眼帘的是位于前厅中心的前台，前台迎接四方而来的游客。在地下层的入口用一个亲近的氛围迎接来自停车区的游客，并提供通高11m至前厅的视觉联系。这里也有连通地下层到地面第三层，能直达观众厅的垂直交通（图3-6~图3-8）。

图3-7　梅溪湖国际文化艺术中心多功能剧院前厅效果图

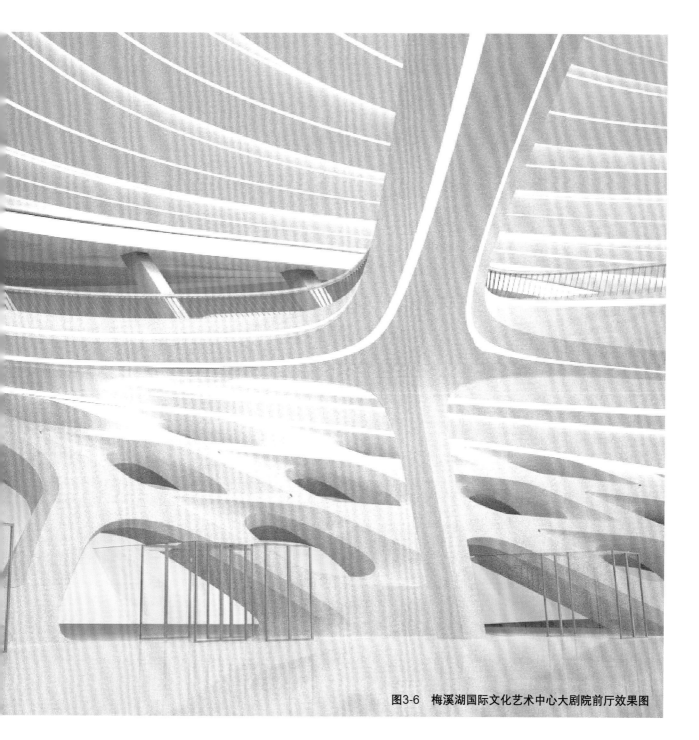

图3-6　梅溪湖国际文化艺术中心大剧院前厅效果图

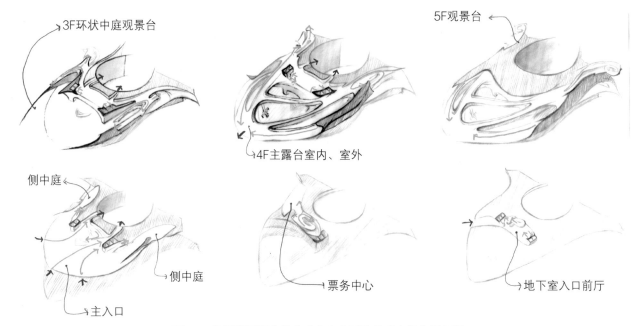

图3-8　梅溪湖国际文化艺术中心大剧院公共空间交通组织

贵宾独立入口设置在建筑物的东南侧，拥有独立的VIP候场休息室和进入观众厅贵宾座席的独立通道。舞台后区也设置了其他非面客区空间，如行政办公、排练厅、后台物流、化妆间和服装间等，基地东侧的入口为演职人员入口。

大剧场的声乐排练厅为550m²，空间净高为8m，声乐排练厅设在1800座大剧院三层的演员后区。排练厅的平面尺寸约等于主舞台的尺寸；墙面动态流动的曲面不仅仅为排练厅营造出动态流动的空间形象，同时其功能也相当于"声学扩散体"；排练厅北侧的落地玻璃幕墙可将自然光引入室内。

艺术馆的建筑布局由三个不同的展览空间以及公共和员工设置的异形的体量组成。公共出入口设置在整个建筑的东侧，另一辅助的出入口设置在西侧，贵宾出入口布置在建筑体量的北侧。人们可以通过东、北、西这三个入口进入到公共大厅，大厅层高为33m，顶部的天窗将自然光引入室内。大厅在容纳了主要的竖向交通的同时，也是重要的展览和举办活动的场所。艺术馆首层设有展厅、200座报告厅、商店、咖啡厅以及必要的接待和导向设施，二层和二层夹层包括展览、贵宾区、教学区和员工及办公会议区，三层设有展览、员工图书馆，以及延伸二层的教学区，四层展览用于永久的收藏，另外设有餐厅和拥有良好视野的平台（图3-9、图3-10）。

3.2.2　剧院五维"心境"通感空间、六维"意境"记忆与文化空间、七维"化境"空间的营造

"建筑是凝固的音乐"。梅溪湖国际艺术中心

了参数生成的美感和数字美学的意境。

图3-9　梅溪湖国际文化艺术中心艺术馆前厅效果图

图3-10　梅溪湖国际文化艺术中心外立面图

"非线性"曲线空间的形态完美地诠释了这句经典注解。人们徜徉在这动态、灵动、飘逸的曲线空间中想必会领悟出那雄浑、震撼人心的交响乐章。艺术中心建筑整体的设计理念为盛开的芙蓉花瓣落入如镜的梅溪湖的水面激起的不同形态的涟漪，正是Zaha Hadid Architects一贯的参数化设计方法呈现出不同以往的"非线性"的流体风格，极具未来感和超现实主义。从大剧院、多功能小剧场再到艺术馆，三个建筑形成的群体建筑组浑然一体，宛如一件异世界的作品。从建筑、广场、下沉景观再到室内的公共空间、专业的剧院观众厅，非线性的流畅线条贯穿始终，设计师借助计算机参数化的编程形成如此这般曲线优美的艺术品般的建筑空间，利用数理逻辑创作出的"数字化"信息的空间，营造出

流动形态的坡道、楼梯、桥梁、室内外衔接的观景平台浑然一体，游客行进过程中，在不同的标高上连续、蜿蜒的走道产生不同层次的亲密感和围合空间，曲面的环路也会形成空间中弧线异形的空洞景框，产生步移景易的园林化的景观内蕴。在如此强烈的未来感的建筑空间中产生了中国传统园林造景的意境，同时，又会使人们联想到雕塑家亨利·摩尔作品中的"异形空间"（图3-11～图3-13）。

图3-11　梅溪湖国际文化艺术中心大剧院前厅（一）

图3-12　梅溪湖国际文化艺术中心大剧院前厅（二）

图3-13　梅溪湖国际文化艺术中心大剧院前厅（三）

3.3 演艺中心及剧院综合体的 "理" 规制

3.3.1 空间层次与形态之梳 "理"

从景观广场进入大剧院前厅，再从前厅两侧的声闸进入1800座大剧院内，在空间的序列组织上，梅溪湖国际文化艺术中心的设计遵循了城市空间（超尺度）进入前厅空间（大尺度）再进入声闸（小尺度）最后进入1800座观众厅的传统空间序列，雄浑的大厅与木色的观众厅通过声闸完成了空间节奏的衔接（图3-14、图3-15）。

图3-15　梅溪湖国际文化艺术中心1800座大剧院观众厅

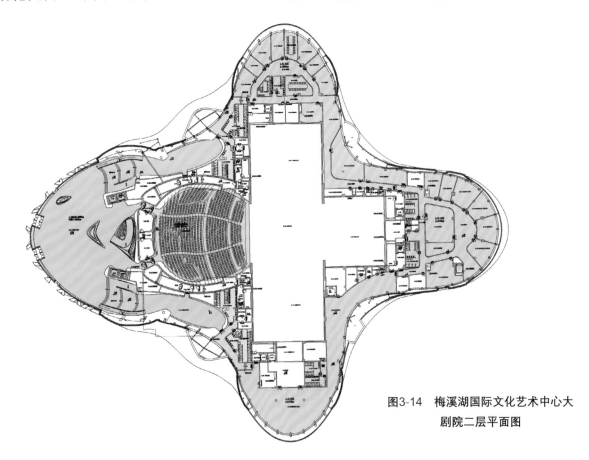

图3-14　梅溪湖国际文化艺术中心大
剧院二层平面图

在本案例的公共空间形态设计中，传统的美学法则诸如统一与变化、共性与个性、主从与重点、均衡与稳定、对比和微差、韵律与节奏等当然也适用于从外部对本案的形式和美学进行解读，但是，能够深刻理解非线性建筑的美学的前提是需要明白这个形态产生的机理。计算机数理编程的应用是生成建筑空间的内在机理，所以我们可以认为这个建筑的创作是"内部生长"式的，不同于现代主义建筑以前的从外部把握向内的设计的方式。参数化的内在逻辑、非线性的生成形态整合了室内空间界面、照明灯具的形态甚至风、水、电等末端设备的安排规制。

从前厅进入到1800座观众厅，这个有机自由的曲线空间充满了艺术的气息。观众厅的整体形态近乎圆形，池座由两处不对称的栏板分开，两层楼座均由栏板分为四个不对称的分区，这在传统对称性的歌剧院中是少见的。池座长34m，最大宽33.8m，平均高约18.5m。舞台开口长为18m，高为12m。舞台台面高度比第一排观众席高1m，观众席的前方设有升降乐池。开口尺寸：平均长约21.5m，最大宽约4.8m，开口面积92m²，乐池内面积约为126m²。

500座多功能小剧场为常规的鞋盒形剧场，界面形态为了便于施工被分解为平直面、单曲面和双曲面三种面构成墙面（图3-16）。

　　平直面
　　单曲面
　　双曲面

图3-16　梅溪湖国际文化艺术500座小剧场墙面形态分析

3.3.2 空间光影与照明之机"理"

在大剧院、多功能剧院、艺术馆的公共空间里，自然光线都被很好地引入到了室内，大厅内在不同的时间段因为阳光角度的变化以及阴晴的变化，出现了自然丰富的室内光照表情（图3-17）。在处理进入到室内空间的"暗适应"的问题上，设计者采用LED条状灯带结合哑光白色的GRG（玻璃纤维加强石膏）曲面墙面，通过使光色直接照明以及白色界面的均匀漫反射以达到从广场进入到前厅的参观者瞳孔的"暗适应"。同时，曲线条状的灯线照明也与建筑空间的曲线形态高度契合。高度统一的照明形态将功能照明、界面照明、重点照明、装饰照明以及氛围照明统合在一起。

从剧院前厅进入到1800座剧院时，在声闸的前置空间我们可以看到浅色木纹与白色GRG的材料交接处理。这种照明和材料的过渡处理手法巧妙地解决了观众从前厅进入观众厅内的"明适应"和"暗适应"的问题。1800座大剧院的场灯照明形态设计进一步强化空间的材质和形态特点，照明基本上由四种不同的灯光种类组成，相互融合进而创造不同的灯光场景模式（图3-18）。

艺术馆的照明设计对于呈现陈列品和建筑风格的特质都很重要。自然光在建筑的某些特定的空间被引入，比如处于顶层的3层和4层、中庭和2层的次

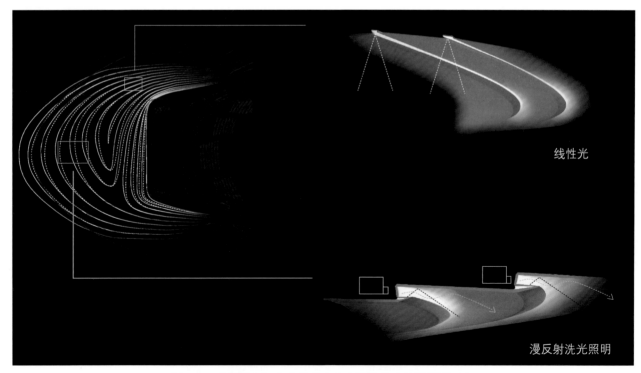

线性光

漫反射洗光照明

图3-17 梅溪湖国际文化艺术中心大剧院前厅线性照明形态

图3-18　梅溪湖国际文化艺术中心1800座剧院线性照明

要展厅。艺术馆强调对于漫反射自然光的引入。自然光依自身能力成为主要光源，而人工照明，包括功能照明、界面照明、装饰照明以及重点照明都被考虑进入室内设计之中，漫反射自然光是为了达到空间的照度需求达到阴影最小化，而人工光照明是为了加强重点物体和空间特色（图3-19）。

3.3.3 空间色彩与材质之肌"理"

为了最大限度地呈现建筑的整体流动性的形态。大剧院、多功能剧院、艺术馆三个建筑的公共空间无一例外地采用了最为简洁的色彩及材质搭配。大剧院前厅顶面为GRG，表面哑光白色；墙面

材质为GRG，表面光面白色；前厅地面材料为水泥，地面哑光白色以及半哑光白色。如此白净素雅的流体空间、巨大的空间尺度带来视觉上震撼的张力。剧院前厅的走廊的木饰面材质（通过GRG表面贴附木皮实现），是剧院内部的全木色环境的序曲（图3-20、图3-21）。

1800座大剧院墙面采用的是GRG表面木饰面的效果，这又是一个纯木色的空间。温暖流动的木色的歌剧院犹如一件手工打造的现代艺术雕塑品，就连同剧场内的扬声器也通过与木色同色系的透声织物隐藏了起来，形成浑然一体的效果。

艺术馆的材质和色彩也倾向于自然和中性，采

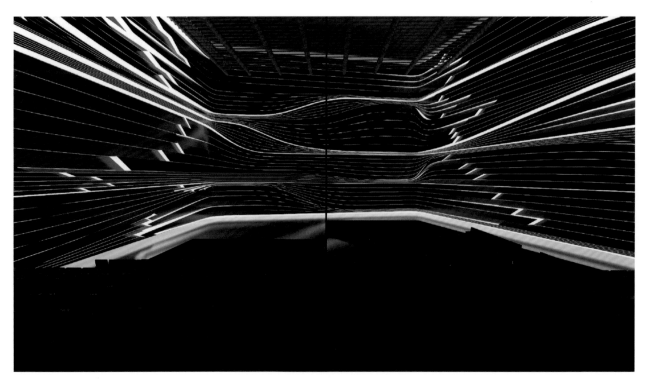

图3-19　500座小剧场的线性环境照明

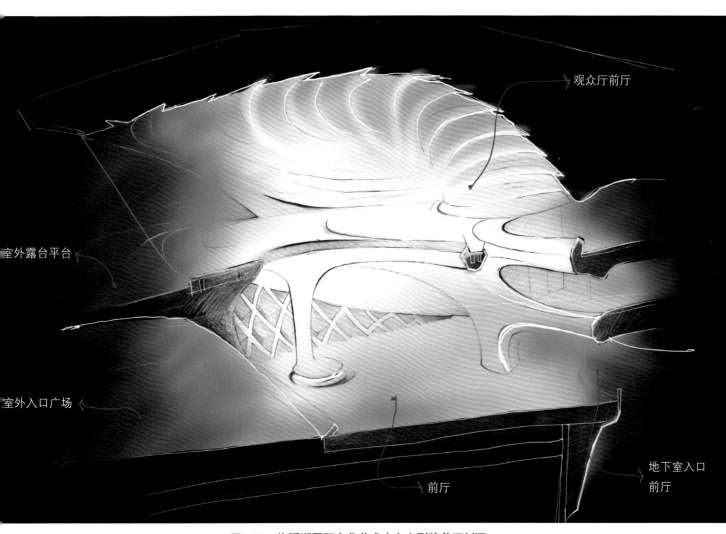

观众厅前厅

室外露台平台

室外入口广场

前厅

地下室入口
前厅

图3-20　梅溪湖国际文化艺术中心大剧院前厅剖面

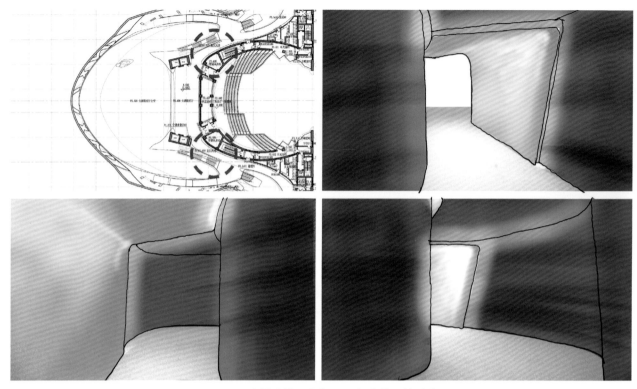

图3-21 大剧院前厅白色GRG与木饰面的过渡

用淡色系方案和辅助灯光和艺术品色彩的表达；公共区域的地面为喷砂混凝土地面，固定家具由GRG和GRP（玻璃增强热固性塑料或玻璃钢）制作而成，中庭的墙面均为GRG，表面白色哑光。此墙面与电梯井为钛合金贴面和深色的高反射玻璃形成质感上的极大反差（图3-22）。

3.3.4 空间细部与符号之意"理"

梅溪湖国际文化艺术中心作为一个未来派的代表作品，从广义上来讲可以理解为"后现代主义"的一种表现形式。但是，它与采用一些象形性的、约定俗成似的符号类语言表达对地方文化语境和文脉延续的设计作品完全不同。所以，我们在这个作品中不会看到文脉类的符号。但是，我们从材料的建构细节上会发现现代主义的"蛛丝马迹"，无论是前厅、观众厅甚至是排练厅都是反装饰的界面处理方式。小到楼梯扶手的细部，采用了内嵌式的扶手，扶手为光面金色饰面材质，扶手的凹槽内为

图3-22　艺术馆前厅

GRG表面贴敷木皮。这些极致内敛和精巧的细部无不体现出现代主义、极简主义下的风格（图3-23）。所有简洁、精良的细部材料构造成就了美轮美奂的飘逸建筑群体，隐喻和象征了花瓣入溪、波光涟漪（图3-24）。

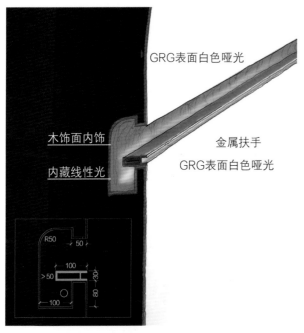

图3-23　大剧院公共区楼梯扶手细节

图3-24　大剧院公共区楼梯扶手与服务台结合细节

3.4 演艺中心及剧院综合体的"术"应用

3.4.1 观演中服务于"演"的技术

（1）1800座大剧院舞台设计

舞台为标准的品字形舞台（图3-25），包括主舞台32m（长）×25m（深）×33.65m（高），主舞台面积为800m²，左右侧舞台19.8m（长）×25m（深）×33.65m（高），侧舞台面积为495m²，后面舞台面积为504m²，24m（长）×21m（深）×20m（高），舞台前设有升降乐池。开口尺寸：平均长约21.5m，最大宽约4.8m，开口面积92m²，乐池内面积约为126m²。

（2）1800座大剧院舞台灯光

1800座大剧院台口侧墙设置一道台口侧光、两道耳光，天花板设置两道面光桥、一道追光桥，一

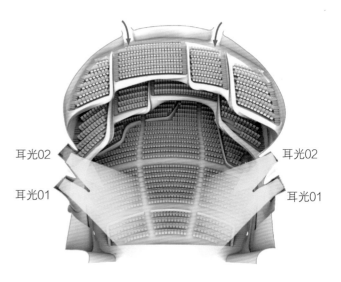

耳光02　　　　　　　　耳光02

耳光01　　　　　　　　耳光01

图3-25　1800座大剧院观演关系图

层眺台开口高为4.8m，深4.9m（到最后一排的距离而不是后墙），高深比接近1∶1。二层眺台开口高3.0m，深4.8m，高深比为1∶1.6（图3-26）。

声乐排练厅设置在1800座大剧院三层的演员后区。排练厅的平面尺寸约等于主舞台的尺寸，墙面动态流动的曲面不仅仅为排练厅营造出动态流动的空间形象，同时也相当于"声学扩散体"，排练厅北侧的落地玻璃幕墙将自然光引入室内（图3-27）。

（3）500座多功能剧院舞台设计

多功能小剧场的舞台可以采用尽端式和伸出式

图3-27　1800座大剧院声乐排练厅

图3-26　1800座大剧院舞台照明剖面布置

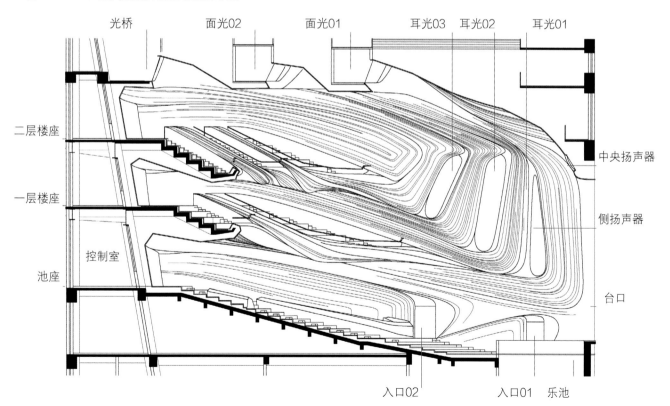

等多种舞台切换的方式，可以满足小型话剧、会议、宴会、先锋话剧、走秀等多种是商业演出活动（图3-28、图3-29）。

3.4.2 观演中服务于"观"的技术

（1）建筑声学

混响时间（RT）的具体要求如下。1800座大剧院在歌剧、舞剧、大型综艺演出时中频（500~1000Hz）满场RT定为1.5~1.6s之间。交响乐、室内乐、合唱等演出时RT为$1.8 \pm 0.1s$（需要设置舞台声学反声罩）。1800座观众厅的体积约为15600m³，单座容积为8.67m³/座。大剧院观众厅的平面近似于圆形，建筑体形不是太有利于声学，前中区绝大多数的观众区缺少侧向反射声，而且在观众区后部声线比较集

图3-28　500座多功能剧院T台秀模式

图3-29　500座多功能剧院宴会模式

中，可能产生聚焦。另外，来自顶部的声线分布不均匀，因此，台口侧墙的形状和顶部形状需要对原建筑设计初始形态进行优化。同时，原有建筑体形近似圆形以及一层眺台部分栏板形状凹入，这样容易产生声聚焦现象。故而，经过声学专业、建筑专业、室内专业共同研讨后对原始剧院内墙形态调整如下：① 台口侧墙的形状由内凹改为外凸形，使观众区的前中区也能被侧向反射声能覆盖；② 侧墙、顶面和眺台的栏板均作扩散处理（结合装饰等待）使观众区的声能分布比较均匀，避免生聚焦等声音缺陷。经过声学专业的计算机模拟，确定了1800座观众厅各界面的声学装修材料及构造。首先，观众厅地面材料为实木复合地板＋毛地板，龙骨间隙填实，避免地板共振吸收低频声音。其次，观众厅墙面采用密度为45kg/m³GRG装饰板，观众厅顶面采用密度为50kg/m³GRG装饰板，并与线性的灯带有机结合。最后，舞台空间内的混响时间应基本接近观众厅的混响时间，声学设计要求在舞台一层天桥以下墙面做吸声处理。观众厅其他指标如下：音乐清晰度C80为1.0~3.0；声场力度G为-1.0~2.0dB；背景噪声，≤NR-20噪声评价曲线。

（2）视线设计

1800座大剧院池座观众席为全台阶形式，共24排。第一排标高为-5.0m，最后一排标高为0.0m，前后高差为5m，平均每个阶的高差为0.22m。二层楼座5排（中间分区），第一排的标高为4.270m，最后一排的标高为6m，前后高差为1.73m，平均每阶高差约为0.43m。三层落座6排（中间分区），第一排标高为8.450m，最后一排标高为11.0m，前后的高差为2.55m，平均每阶高差为0.51m。各层观众席末排的视点俯角分别为池座8°、二层楼座18°、三层楼座25°（图3-30~图3-32）。

1800座大剧院竣工后照片

图3-31　1800座大剧院原观众厅界面方案

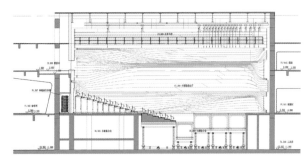

图3-32　500座多功能剧院剖面图

3.4.3　观演中服务于"管"的技术

梅溪湖国际文化艺术中心项目运营由北京保利剧院管理有限公司负责提供专业运营管理。后期运营中将结合保利剧院优质的剧院演出、原创剧目制作资源和剧院管理经验，以"一流的运营、一流的营销、一流的品牌、一流的节目"为目标，力争将梅溪湖国际文化艺术中心大剧院打造成国际一流的观演艺术殿堂。

CHAPTER 04

歌舞剧院的
"情、境、理、术"系统分析

本章以挪威奥斯陆歌剧院为例,解读歌剧院的"情、境、理、术"全因素体系的内容和特点。

4.1 歌舞剧院的"情"本体

4.1.1 歌舞剧院周边环境之"情"况

挪威是北欧地区的重要国家，位于斯堪的纳维亚半岛的西北部。因为纬度比较高且濒临挪威海，所以，一提到挪威人们就会联想到雪山、森林、峡湾以及明如镜面的湖海等。

作为挪威首都奥斯陆的文化名片，奥斯陆歌剧院担负了向世界展示挪威文化的责任。奥斯陆歌剧院建设用时5年，建筑设计单位是斯诺赫塔建筑事务所设计。歌剧院坐落于港湾区的岸边，临近证券交易所和中央车站，成为该地区景观视觉的焦点。歌剧院三面环水，白色的建筑外形宛如"北欧冰山"般夺目耀眼，让人联想到北欧连年白雪的山峦。剧院的屋顶好似延绵不绝、高低起伏的雪山，洁白的斜坡时而绵延入海，时而与建筑物及周边城市街道相连；极具创意之处是进入广场及主入口的通道为横跨歌剧院的大理石人行桥。外部屋顶造型采用产自地中海的白色大理石和与之颜色相近的白色铝板，特别是在海水冲刷下仍能保持纯净的白色，给人简单朴素的感觉。项目与周围的环境得以很好地融合，背后是巍峨耸立的霍尔门考伦山。这里的环境是苍山映绿水环绕，兼具海滨城市的妩媚和高山密林之地的雄浑。城市周围的丘陵上长满了大片的灌木、大小湖泊，沼地星罗棋布，山间小道交织成网。歌剧院就栖息在这般纯天然的自然环境当中（图4-1、图4-2）。

奥斯陆歌剧院的主要外立面是西立面和北立面，同时从距离南面很远的峡湾处可以清楚地观赏建筑物的轮廓。从阿克胡斯城堡和网格城市中看，建筑创造了峡湾和东面的山峦之间的关系。从中央火车站看，歌剧院利用峡湾的城市环境创造出既突出于环境又融入环境的城市天际线。

图4-2　奥斯陆歌剧院海港环境

图4-1　从渔港看向奥斯陆歌剧院

4.1.2 歌舞剧院物质功能之"情"态

奥斯陆歌剧院总建筑面积约为38500m²，舞台总面积8300m²，舞台总高度约为54m，项目总投资约为7.5亿欧元，业主单位是挪威教会和文化事务机关，项目落成时间为2008年4月12日。歌剧院是挪威的国有资产，需要服务于挪威国立歌剧演出公司（National Opera Company of Norway）和挪威歌剧院公司（Den Norske Opera）这两家不同的演出团体，以为他们上演各自的剧目提供场地。

歌剧院内有三个不同规模的剧院、上百个各类配套辅助房间。其中，最大的剧场可容纳1369个观众座席，大剧院的观众厅形制是经典的马蹄形，台口为镜框式台口，主要满足歌剧、舞剧、室内乐、交响乐表演等；1369座大剧院的主舞台尺度约为16m×16m，舞台包括16个独立的单元，可以进行升高、倾斜或者旋转等动态调整。主舞台上方的飞控吊杆高约35m，配备复杂的舞台机械的解决方案。另外一个小剧场可以根据实际的使用情况调整席位，适应性很强，最多可容纳440个观众席；舞台设计更为简单，有一个大的管弦乐池和一个约15.8m深的舞台。最小的观众厅是190座的黑匣子剧场，可以进行灵活的多功能演出，也可兼做排练厅使用。室内的大剧院和小剧院的外表犹如两颗巨大的橡树立于洁白的冰山之中。

4.1.3 歌舞剧院精神功能之"情"感

奥斯陆歌剧院是挪威人的百年梦想，这种说法并不为过。这个项目历经了近一个世纪的酝酿，并经过了10年左右的项目策划、前期准备、设计竞赛等，并且历时5年才最终建设完成。2008年随着歌剧院的盛大开幕，预示着面向21世纪的代表挪威文化艺术的巨轮启航了。对于挪威政府和奥斯陆地方政府，希望将其打造成为国家的永恒性的纪念性建筑，象征着挪威特殊地域文脉的地标，同时彰显国家和市民对于歌剧、芭蕾舞以及音乐表演等高雅艺术的重视和喜爱。

歌剧院的设计者希望是把歌剧院做成一个"给人民的广场"，民众不仅可以能触摸它，还能爬上这个建筑（图4-3）。设计方坚持公共建筑应该是大众化的，有不同的入口，是畅通无阻的。因此奥斯陆歌剧院自身的体量构成基本呈水平状态，使人的行进路线和视点都尽可能地丰富。奥斯陆歌剧院充

图4-3 奥斯陆歌剧院是一个"给人民的广场"

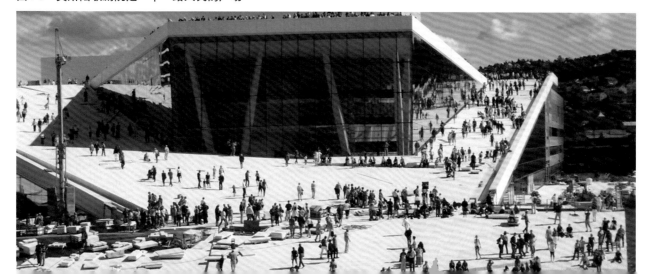

分表达了当地的文脉背景，建筑造型简洁不失丰富，个性藏于自然，巧妙地处理好与周边环境的视觉景观关系，重新激发了区域的活力，甚至影响到整座城市的气质。歌剧院落成之后，原本宁可亲近自然也不看歌剧的挪威人不仅爱上了这个依水而建的建筑，也喜欢上了歌剧。

挪威议会评价："奥斯陆歌剧院是一座历史的丰碑，它既代表了挪威的文化传统，也反映了戏剧对这种文化的重要性。"建筑师团队也因此夺得2009年度的密斯·凡·德罗奖。

4.2 歌舞剧院的"境"营造

4.2.1 歌舞剧院三维"物境"与四维"易境"空间的营造

奥斯陆歌剧院的建筑整体外观形态以直线为主，强烈的几何形态极为简洁、现代。在建筑的东、西两个朝向，室外的长阶梯和坡道同剧院的大屋顶连接在一起，给人们提供了面向海湾的休息、观景的露天立体广场，由上万块的白色大理石石材拼接而成，由此构成"地毯状"斜面。人们能够在建筑前面的峡湾中踏水，也可以直接走上歌剧院的屋顶，甚至可以在屋顶上进行极限运动。整体倾斜的建筑外形使得建筑整体得以更加自然、谦和地与环境相处。歌剧院建筑连接了城市和峡湾，东侧是建筑主要立面，透过巨大的建筑玻璃幕墙，游客可以看到大楼内各处的繁忙活动，包括上层的芭蕾舞排练室、街道层的工作室。与充满活力而生动的城市景观的联系更凸显了其城市性，"艺术城市"的理念表达极为充分（图4-4～图4-7）。

剧院有三个主要的出入口，这恰好凸显了建筑的开放性原始理念。进入剧院前厅，一面由波罗的海出产的橡木曲面墙映入眼帘，这面墙分割了剧院

图4-4 奥斯陆歌剧院外观

图4-5　奥斯陆歌剧院几何形的屋顶充满纪念感

图4-6　奥斯陆歌剧院插入峡湾内

图4-7　室内与室外"看"与"被看"的关系

前厅和观众厅，或者也可以说橡木墙面是观众厅的外部表皮。这流动的橡木曲线墙让人联想到挪威古老的木船。该公共前厅的面积占总面积的1/5，人们在这个室内公共空间得到演出前的情绪准备和舒缓。前厅除了具备剧院人流集散功能之外，还辅助设有候场休息厅、酒廊以及餐饮空间，餐厅内的"帐篷"区域可以让观众在室内也沐浴到北欧明媚的阳光（图4-8～图4-10）。

1369座观众厅的楼座被设计成传统的马蹄形，楼座的装饰和前厅墙面同样采用波罗的海的橡木木饰面制成，剧院内座椅排布设计非常考究，几乎每一个观众席都具备最佳的视角。1369座观众厅不设包厢，即便是王室成员也坐在一个5m²不到的区域内，平等地和平民平等一起欣赏艺术。能容纳600名演职人员的舞台空间、工作间、排练厅等需要有序组织。而在后区设置巨大的户外花园式的庭院，引入自然光；自然光的引入消除了各空间彼此间的隔阂。

图4-9 奥斯陆歌剧院前厅曲线橡木墙面

图4-10 奥斯陆歌剧院前厅的一些"子"空间

图4-8 奥斯陆歌剧院温暖的前厅

图4-11　宛如冰山的歌剧院外观

4.2.2　歌舞剧院五维"心境"通感空间、六维"意境"记忆与文化空间、七维"化境"空间的营造

　　歌剧院建筑"生长"在海湾，整个建筑体量镶嵌在海面上，犹如从海底升腾而起的巨大的冰山。流畅的直线条、灵动的面的折叠、多变的体量穿插，形成了几何感强烈、层次丰富的建筑空间；洁白的大理石、素雅的白色铝板结合巨型通透的玻璃幕墙，这些材料的视觉特性隐喻了建筑外观"冰与雪"的交融，清冷的建筑色彩、晶莹剔透的外饰面材料的运用让人们"通感"到北欧清爽的气候以及犀利峻峭的触感，特别是屋面的玻璃幕墙打破了大量白色石材、白色铝板的封闭，使得建筑得以轻盈起来。玻璃的轻盈不仅强化了"冰山"的表现力，为室内外提供了"看与被看"的途径，同时将城市和自然景观引入建筑。建筑巧妙地将人与大自然融合，将观演艺术融入大自然的鬼斧神工之中（图4-11～图4-13）。

图4-12　奥斯陆歌剧院晶莹的玻璃幕墙

图4-13　奥斯陆歌剧院白色铝板外墙面

从这座"水上冰山"进入到歌剧院大厅，由橡木饰面制作而成的曲面墙体构成了观演剧院的外表皮。这个木饰面的细节工艺颇具深意地采用了挪威传统船只的木材工艺，使得该大厅颇有"橡木船"的效果（图4-14）从细节上隐喻了地域文化。"木船"内容纳了1369座观众厅及其配套的休息、酒吧、餐厅等辅助空间，从纯洁、冷峻的歌剧院外部

进入到大厅，木色的氛围也把游客瞬间拉进了一个温暖的艺术空间。由白色石材、铝板、透明玻璃包裹的橡木内核的奥斯陆歌剧院，好似一件漂浮在海湾的艺术雕塑，又仿佛是一块从冰山上脱离而来的晶莹剔透的浮冰。歌剧院的外观虽由人造却宛如天成。

图4-14 歌剧院前厅"橡木船"的效果

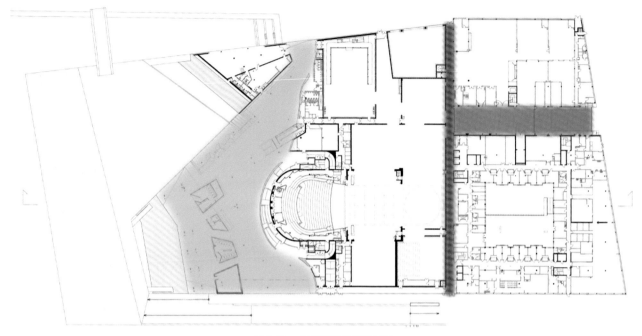

图4-15 歌剧院首层平面图

4.3 歌舞剧院的"理"规制

4.3.1 空间层次与形态之梳"理"

歌剧院是一座被所有人共享的建筑。游客可以到达建筑外部的任何一个角落,无论从临海的建筑底部还是沿坡而上的屋顶。建筑的这种"屋顶即是楼面"的概念高度地保证了建筑的开放性和可达性。设计师希望剧院公共空间的每一个角落都是参与感很强的、有趣的存在。这个巨大的山坡形屋面甚至可以举办户外音乐会和一些年轻人喜欢的极限运动。其中,滑板运动给了设计师充分的想象空间,设计的初期,建筑师甚至咨询了专业的滑板运动员关于坡面的设计。

如图4-15所示,剧院建筑在平面布局上,一条南北向的通道将歌剧院分为东西两个功能分区。廊道的西侧为剧院的面客公共区及表演舞台,廊道的东侧为演职人员后区。演员后区的一条东西向的通廊又将后区空间分为南北两个部分,北侧为偏"hard workshop"(即"硬工作间")的木工、机械加工、金属加工、塑料装饰制品加工的重型工作空间,南侧为化妆间、服装间、道具间等集中安排在一起,尤其是"服、化、道"区采用内天井的方式,将阳光引入员工活动区。此外,在舞台后区还设置有摄影棚、排练厅等演出服务部门,建筑设计师需要将这些职能部门有效地、动态地整合在新剧院的建筑中。声乐排练室作为一处对声学品质要求很高的场所,位于大楼西侧的地下一层。这个声乐排练厅也可兼做用于录音场地。混响时间可调的要求通过使用可调节的板材和悬挂吸声体得以实现。大型排练室直接通向到舞台区，并能在需要时提供更多布景储藏空间。

外观抽象性的几何化自然形态使得设计时将可识别的建筑元素与细部最小化。在室内设计中，所有的附属空间的设计形态均与建筑整体的语言统一。这些小尺度的使用元素诸如酒吧柜台、商店设备、售票台和咖啡厅等的室内近人尺度元素集成在整体建筑形式内。门厅南侧有个小酒吧，北侧有间餐厅和可独立于表演运作的几个酒吧，其他的培训空间、衣帽间、洗手间、信息、票务服务和多样小房间等服务功能设施被设置在前厅周围。有的体量被设计成为独立的白色人造大理石雕塑形式，不使用时均可完全关闭。

1369座观众厅呈经典的马蹄形布置。马蹄形的平面形式具有较好的视角和视距，同时又拥有良好的音质设计。大舞台区域是典型的品字形舞台、主舞台（16m×16m）与11.8m深次级舞台。两个侧台和两个后台方面，这些区域的建筑高度最小为9m。舞台背景的储藏区位于后侧台上部。演出的布景安置在后台、侧台或台下。

4.3.2 空间光影与照明之机"理"

巨大的玻璃幕墙构成了歌剧院前厅的主要界面，这设计将海湾迷人的城市景观和自然光引入到大厅的室内（图4-16）。大厅内在不同的时间段因为阳光角度的变化以及阴晴的变化，出现了自然丰富的室内光照表情。同时，在从大厅进入到歌剧观众厅的衔接处，人工照明设计要解决人流进入剧院的"暗适应"问题和人流出剧院后在前厅的"明适应"问题。在北欧自然光明媚的室外环境下，剧院室内公共空间的人工照明本着内敛和含蓄的处理方式，水平的功能照明采用简洁的内嵌式筒灯达到场

图4-16 歌剧院前厅

所的照度及均匀度要求。而界面照明和重点照明是这个项目的重点，巨大的弧形橡木墙面通过与顶部灯槽内的线性光以及地面向上的洗墙光，渲染出这个"橡木船"丰富的人文表情。当夜幕降临、华灯初上，大的木制"波浪墙"在门厅亮起。温润的橡木波浪透过玻璃幕墙映射出整个海港，那仿佛是戏剧艺术对漫步在雪山峡湾人们温暖的召唤，它展

示了建筑室内与室外是如何相互依存的（图4-17～图4-20）。

歌剧院的设计者对于自然和阳光的引入是非常用心的，不仅在面客区的剧院大厅，甚至在演职人员的后区排练空间、服、化、道空间，也引入了内向型的天井院落。演职人员沐浴在阳光之下，缓和了工作期间的紧张气氛，营造出自由而又舒适的环境，降低了演职人员工作的压力，又减轻了对于人

图4-17 歌剧院白天与夜间的光环境

图4-18　夜间的歌剧院从"冰山"看向温暖的"木船"

图4-19　歌剧院内生动的界面洗光照明（一）

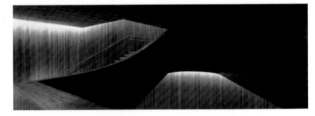

图4-20　歌剧院内生动的界面洗光照明（二）

工光所用电能的消耗。

　　1369座观众厅内的主体照明采用了巨型的吊灯。吊灯在具备照亮空间功能的同时具备声学反射体的作用。吊灯的光源为LED灯光，直径为7.0m的吊灯由

5800个手工浇注的玻璃晶体组成。通过这些晶体，800盏LED灯变得晶莹剔透、熠熠生辉，晶体条带之间的距离朝舞台方向逐渐增大，以允许更多直达声音通过，并因此有助于提升该空间的混响音效。通过

玻璃体的散射,整个观众厅充盈着柔和的漫射光,极大地降低了对于舞台照明的干扰(图4-21)。

4.3.3 空间色彩与材质之肌"理"

歌剧院室内外的主题材料为白色大理石、玻璃幕墙、橡木木饰面、金属铝板等主要的材料。

(1)白色大理石

远远地望去,歌剧院像一座从海底升起的"雪与冰"交融的雪山。这洁白的雪的质感是通过白色的天然大理石来实现的(图4-22、图4-23)。为了凸显简练的雪山形态,建筑屋顶外部放弃了零散的、细碎的景观植被规划的设计方式,代之以简单、巨大和几何形的块面组成,形成了充满仪式感的白色"地毯"。当人们走近建筑会发现白色石材的肌理变化十分丰富。远观平整的屋面通过白色大理石石材的切割、隆起、凹口、坡度转折、质感变化等细节设计形成了近人尺度上丰富"通感"感知体验,吸引着人们在此驻足、休息和体验。屋面石材的铺装设计由建筑师与艺术家合作完成,看似简单统一却是变化万千;看似均质的材料运用,通过微差的处理引导人的活动行为更加丰富。人们会在一些地方集中停留,这些是肌理和质感设计的精髓。通过同一石材表面肌理微差的处理,设计师巧妙地衔接了不同几何坡度的变化,这也成为人流流线的引导与暗示。

(2)玻璃幕墙

歌剧院宏伟的前厅的南侧、西侧、北侧的巨大玻璃幕墙将自然光和城市风景引入到大厅内。同时,也提供给城市人流欣赏歌剧院丰富、流动的内在空间的界面。玻璃幕墙15m高,为了尽可能地使玻璃幕墙显得轻盈,尽量弱化幕墙结构构件的厚重

图4-21 1369座大剧场内的巨型吊灯

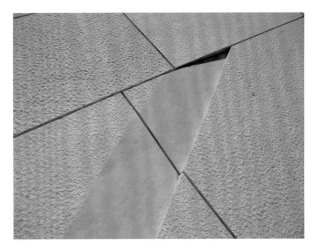

图4-22 屋顶的白色大理石

图4-23 白色大理石肌理变化的细部

图4-24　巨大的"低铁"含量的建筑玻璃幕墙

感，玻璃板块之间采用了玻璃肋，肋中尽量少地使用钢材。这样，轻盈的玻璃幕墙变得更加通透，成为室内外景观渗透的最好媒介。也表现出冰峰陡峭的质感（图4-24）。

（3）橡木木饰面

歌剧院的木饰面的材料来自挪威当地200多年树龄的橡树，是由挪威国家林业机构特批用于剧院项目，橡木由于其密度高、容易成形和触感温暖而被采用。橡木被用到了两个主要的空间内。首先是歌剧院的门厅空间，巨大的橡木波浪墙、整个地板、前厅内凹子空间的墙壁和天花板等均采用了令人感到温暖的橡木。这些老橡木木材被精准地切割、拼装，波浪墙表面的凹凸竖向体积形成了前厅空间的吸音结构，同时也是良好的声学扩散体。室内木板拼装成的波浪墙与室外的白色石材的棱角分明几何体形成一软一硬、一暖一冷的对比（图4-25、图4-26）。另外，歌剧院的1369座主观众厅也采用了橡木作为主要的内饰材料，楼座的装饰带、墙面等均由橡木制成。不同之处是设计师将橡木经氨处理后形成暗色调，暗色调的橡木更加凸显了歌剧院的内敛和华丽又不失温暖亲切，同时也有利于观众将主要的注意力集中到舞台演出上。此处橡木也被用于地板、墙壁和天花板，以及阳台前面和声学反射器。

（4）金属铝板

白色的铝板主要采用在歌剧院的屋顶部分，与白色大理石相得益彰。设计团队不希望过度开采天然石材，同时希望在功能化的空间和区域采用工业

图4-25　歌剧院前厅与观众厅的橡木木饰面

图4-26　1369座深色橡木的观众厅

化、模块化的材料及组装方式。在综合评估美学、耐候性、可塑性以及加工成纯平薄板的可能性后，设计团队选择了铝材。在工业化的铝板外观性格上，设计团队为了增加视觉艺术品质，铝板表面采用了凸球段和凹圆锥形冲压成型，使得铝板表观形成不同角度的不同视觉感官效果（图4-27）。

4.3.4　空间细部与符号之意"理"

作为延续了现代主义精神的歌剧院设计，剧院整体并无直接的象形化的地域文脉符号的表现，而是借助整体建筑空间的几何意向象征挪威的滨水雪山的地域自然风貌。而充满手工艺感的橡木波浪墙面和观众厅内的橡木眺台和围护墙，则是隐喻了挪

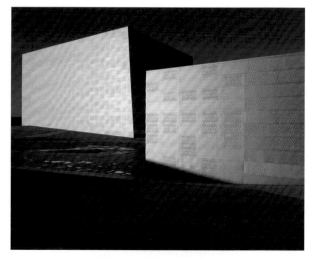

图4-27　室外的金属铝板

威木船的人文元素。可以说奥斯陆歌剧院是一个简洁又温馨、清新又人文的现代化的歌剧院（图4-28、图4-29）。

4.4 歌舞剧院的"术"应用

4.4.1 观演中服务于"演"的技术

（1）舞台设计

歌剧院拥有最高科技水平的舞台设计。从平面上来看，舞台是传统的品字形舞台，拥有1个16m×16m的主舞台，另外还有2个侧舞台、1个后舞台和主舞台下方的台仓。台仓与主舞台的落差为

图4-29　建筑语言对于人文环境的隐喻　　　　图4-28　建筑语言对于地域自然环境的隐喻

11.8m。因为不会长期在主剧院内演出某一部固定的剧目，同时舞台也要兼顾演出排练的工作，这对于舞台的适应性、可变性和灵活性提出了很大的要求。舞台机械设计通过以下方式解决了这个难题，主舞台由16个独立的小模块组成，每一个小舞台模块可以单独作升降、倾斜、旋转等运动。这种独特的舞台机械方式给戏剧编导创造了最大限度的表现空间，使他们能创造出美轮美奂的舞台场景（图4-30、图4-31）。道具储藏室位于后侧舞台上方。

（2）舞台灯光系统

舞台上的演出照明灯具悬挂在5个灯光渡桥上；同时，舞台两侧有2个可移动的灯光柱，在不影响原有音响效果的前提下，灯光柱的移动可以调整台口的宽度。1号渡桥除了悬挂舞台灯光设备之外，它的上下移动又能改变台口的高度。灯光设备选择了ETC Congo系列作为表演空间的灯光控制设备，控制系统与ETC Congo舞台灯光控制和舞台导演系统的相互配合。整个剧院设置了大量的工作控制通道

图4-30　小剧场

图4-31　声乐排练厅

以满足复杂的演出灯光系统控制。大观众厅的基本
灯光设备由染色电脑灯、卤钨光源螺纹聚光灯和
ETC Source Four系列灯具组成，大厅前部的上方和
两侧的吊杆上安装了大量配置不同透镜筒的变焦成
像灯，追光灯位则配置了相应灯具。歌剧院观众厅
的枝形吊灯悬挂在椭圆形反射器内，它将灯光和音
响紧密地联系在一起，使其既是观众厅的主要照明
来源又是一个重要的传声器，将声音扩散出来，在
一定程度上改善了大厅空间的混响效果。

4.4.2　观演中服务于"观"的技术

（1）建筑声学设计

　　在欧洲尤其是意大利，比较经典的巴洛克风格

的歌剧院，其观众厅内的混响时间都比较短，一般
在1s左右。因为在盛行建造古典歌剧院的18—19世
纪，还没有量化科学的建筑声学理论以及技术。1s
对于演出歌剧和管弦音乐的场所来讲，这个时间是
偏短的。虽然能保证较好的语言清晰度，但是音乐
的饱满度、湿润度的表现不好。声学设计顾问公司
为了给奥斯陆歌剧院确定适合的混响时间（RT），
通过计算机声学分析软件以及1∶50的缩尺模型的测
试研究，综合考量了厅堂内的声音亲切感，同时要
适应自然声、歌声以及管弦乐演奏的声音的饱满感
要求，确定了整体混响时间在2s左右。这个剧场的
形制设计非常考究，它的结构是下面区域较窄（局
部的短混响时间提高了清晰度并增加亲切感）、上
面空间宽大（综合调节可满足混响的需要）。这种
狭长且有一定斜度的结构，保证了演员所说台词带
给观众的清晰度和亲切感，而上部宽阔的吊顶空间
保证了足够长的混响时间。

　　此外，为了适应不同演出的声学需求，歌剧院
在很多区间悬挂了幕布。工作人员可以在演出现代
（电声）戏剧或扩声类戏剧时，采用电脑控制的舞
台机械将这些幕布运行到需要的位置，减少电声音
乐和乐队扩声的声学共振。

　　同时，采用了如下声学形态、声学材料构造以
尽量达到最佳声学效果：楼座的眺台正面会根据坐
区方位的声学情况而调整饰面的几何形状，这也恰
好成为一种极具特色的设计形态语言；两侧的眺台
形式外凸，可以将声音反射到观众席；而观众席的
后部则将声音反射到多个方向，以避免集中产生声
音而形成聚焦；椭圆形的吊顶反射体即是设计风格
语言的亮点也是一个反射声音的巨大装置；每一层
楼座的后墙由凸板铺成，这同样是为了防止声音聚
焦以将声音向室内均匀扩散。其他墙体、反声罩以
及可移动的塔的几何形都是可以散射周围空间声音

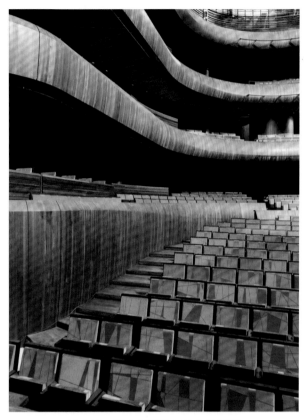

图4-32　观众厅楼座与池座的细部

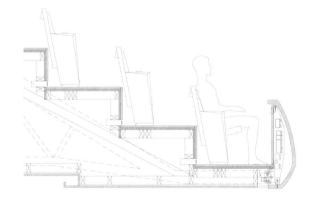

图4-33　观众厅的楼座眺台剖面

的声学界面。通过使用不同尺寸的木材弧板来调节不同波长的声音，例如，剧院内饰面采用相对致密的材料，以避免高频率振动（图4-32、图4-33）。

（2）视线设计

马蹄形的观众厅容纳约1369个观众座席。乐池也是灵活可变的，可以利用三个独立升降机调整乐池的高度和面积。观众厅的形式要满足观众和表演者较短的距离、良好的视线，所以，观众厅设置了三层楼座，几乎垂直堆叠排布，以确保最远的座位距离舞台不超过33m，每个座椅的背后都设有独立的屏幕，可以用八种语言提供字幕。

（3）电声扩声系统设计

挪威当地的Benum公司为剧院提供音频和视频设备，其中就包括舞台设备管理系统。该系统集成了Nexus音频网络和Aurus调音控制台，并为剧院提供了一个全套的TTA Stagestracker 16XR系统，其中包括一个音频矩阵和一个双电子眼，该系统可以根据演员演出过程中位置的动态感知其声音方位，并在扩声时候进行实时调控。此外，该公司还提供了一套音频采集器，用于进行各种音效的控制和编辑；Benum还为剧院乐池装配了200多个SMRT分布式输出线盒、1套扬声器系统、1台调音控制台、1套无线和有线的内通系统以及1套交响乐的中控分布式调度系统。剧院的主厅和排练厅安装了Renkus-Heinz无源和有源扬声系统。由此，歌剧院可以根据演出的内容进行柔性配置电声系统，以适应从独奏到合奏、从管弦乐到摇滚乐等不同演出的需求。总之，久负盛名的北欧音响设备在这里的应用臻于完美，大量的设备资源和设计被应用于此，带给观众最为完美的音响效果。

4.4.3 观演中服务于"管"的技术

一条横贯南北向的巨型通道把歌剧院"割裂"成东西两大部分：西侧是面客的观众厅和剧院大厅；而东侧就是演职人员的后部空间。这种看似简单粗暴的功能模块划分，实则非常巧妙，而且这个大走廊是一个天然的声腔隔绝通道，把后区所有的工作杂音都与演艺区隔绝开来。而东西向的大型布景装卸处将演员后区再次一分为二。该空间需要容纳布景和道具，所以也应有巨大的空间尺度，层高足有9m。"装卸通道"北部设置了"硬工作间"，布景道具在那里制作。木工、金工、油漆工和装饰等工种都有专门的工作间。成品布景通过布景装卸处直接运输至后台。"装卸通道"南部的设置提供服务舞者和歌者需要的所有其他功能，"软工作间"用于服装生产、假发、帽子、手套和化妆道具的生产，同时管理和更衣室均位于这里，大多数更衣间可容纳4人，包括每场表演的所有必要服装和化妆（图4-34、图4-35）。歌剧和芭蕾舞部门在这个区域有几个大排练室，位于3层和4层。最大的排练室净高9m，与主舞台等大，舞者可以练习整场表演。

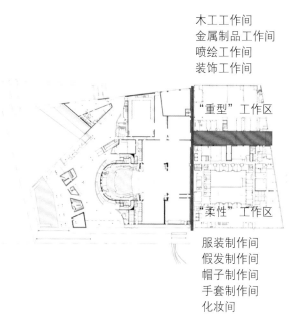

木工工作间
金属制品工作间
喷绘工作间
装饰工作间

"重型"工作区

"柔性"工作区

服装制作间
假发制作间
帽子制作间
手套制作间
化妆间

图4-34 剧院后区功能分区

图4-35 剧院后区工作间

　　剧院的演职员后区的设计原则是实用和简洁，配色十分简洁而中性。南区的内向型开放庭院形成一个演员后区的中心区，并且围绕它的走廊被赋予了暗色调。建筑尽管很大，仍很少采用活动家具。与建筑演职员后区的设计风格一样，家具和设备也是尽量简洁、标准化和实用（图4-36）。设计者们试图简化、标准化家具的选择，并使其与建筑设计相关联。

图4-36　公共卫生间

CHAPTER 05

专业剧院的
"情、境、理、术"系统分析

荷兰的阿格拉剧院是一座以话剧演出为主的专业剧院。

5.1 专业剧院的"情"本体

5.1.1 专业剧院周边环境之"情"况

　　2007年完工的阿格拉剧院（AGORA Theatre）位于荷兰的莱利斯塔德市（The City of Lelystad），如图5-1所示。这个剧院的设计初衷是希望激活和点燃这个清冷和波澜不惊的荷兰城市。建筑师团队UN Studio成功地将这个剧院塑造为城市中心区新兴的地标，在这里汇集的文化艺术和社会活动将赋予这个城市一张新的特色鲜明的文化面孔（图5-1、图5-2）。近年来，剧院建筑的种类更加复杂和繁多，UN Studio希望这个小剧院的设计回到灵活多变、简

单明晰中来，同时，剧院也像一个夺目的大明星闪耀在这个平静的荷兰小城街区，重新成为此区域的文化、艺术、商业以及市民社会生活的新的"引擎"地带。

5.1.2 专业剧院物质功能之"情"态

　　阿格拉剧院是一个绚丽多姿和充满活力的建筑。同时也是Adriaan Geuze为莱利斯塔德市所作的城市总体规划中的重点项目。莱利斯塔德市政管理机构作为该项目的甲方，希望通过这个项目复兴这个城镇的中心，为这座务实、刻板的城市带来更多活力。剧院的设计在强调观演功能本质的基础上，不仅仅限于将其设计为容纳演出文艺活动的容器，同时剧院本身也是一个动态的有表演欲望的空间（图5-3～图5-5）。

　　剧院的占地面积为7000m²，总建筑面积为30000m²，由一个由753座主观众厅（图5-6）、207座的小厅以及60座的管弦乐厅组成。753座观众厅Backstage区的主观众厅面积为500m²，舞台面积为195m²，舞台的高度为19m，聚光灯的数量为140个。207座观众厅的面积为135m²，舞台区的面积为81m²，聚光灯的数量为72个。对于这个小城市而言，这样的座位数规模的剧场是为了满足专业话剧、戏剧等演出而量身定做的，相较于观众厅，753座剧院的舞台尺寸有些偏大了，但好处是可以承担具有国际级水准的较大型戏剧和音乐演奏的演出。

图5-1　阿格拉剧院的微观环境

图5-2　剧院的立面体量

图5-3　阿格拉剧院的南侧立面/《变换的体验——荷兰莱利斯塔德市剧场》，潘令嘉

图5-4　阿格拉剧院的西北侧立面

图5-5　阿格拉剧院的西南侧立面/《变换的体验——荷兰莱利斯塔德市剧场》，潘令嘉

图5-6　753座剧院内景

5.1.3　专业剧院精神功能之"情"感

　　阿格拉剧院的建设背景处在二战之后的荷兰城镇大复兴的历史背景下。阿格拉剧院首先是一个专业的剧院，是一个容纳表演艺术和观演欣赏的容器。同时，它又承担了代表城市中心焕发新的生机的历史和社会使命。第二次世界大战后，小城原有新建的建筑都是为了满足工业化、大批量的"盒子"建筑，在这些冷漠和机械的街区中间，UN Studio建筑师团队采用解构主义的语言构建出了一个魔幻世界，一个万花筒般的绚丽多姿的城市新形象。这个多姿多彩的建筑也符合观演空间的基本性格，暗示了文化演艺空间的使用功能。建筑师没有

刻板和机械地延续所谓城市文脉,而是在混凝土的丛林中树立了一个充满色彩、令人激动的城市景观新的风向标。随着剧院的运营逐步进入正轨,它的影响会逐渐渗透到市民的文化生活当中。内含变得更为抽象,或更为集中,又或是被扩张后变得更为丰富复杂,所有这一切的变化都发生在与无数的现场观众的互动中。这个建筑在对城市文化的引领、对城市焕发新生命力的带动等方面所起的作用都是深远和不可估量的,这个精神功能发挥出的价值远远超出作为剧院本身的物质功能。

5.2 专业剧院的"境"营造

5.2.1 专业剧院三维"物境"与四维"易境"空间的营造

荷兰的UN Studio建筑师事务所在解构主义风格

的语言设计上颇有心得,在此前的众多项目中都积累了丰富的多边形、波折面形制的设计经验。在空间的整体布局设计上,建筑师第一个考虑的设计问题就是,一大一小两个观众厅在演出的时候避免声音的相互干扰,所以753座剧院和207座剧院的位置彼此间尽量远离,不仅两个观众厅的位置尽量远离,包括观众厅内的舞台更要尽量远离。所以我们看到较大的753座剧院位于整个建筑的最南端,同时,19m高的舞台塔楼也位于这个观众厅的最南端。207座小剧场位于建筑的最北侧,同时其舞台被放置在了东北角。这样从物理空间上两个剧院尽可能地远离了。在这个主体矛盾得到解决的基础上,剧院其他的空间如若干个独立而又相连的门厅、餐厅、咖啡厅等公共服务设施以及演员更衣室、多功能厅等空间均被有机地"填充"到了两个剧院之间的过渡空间之中(图5-7、图5-8)。

建筑外部形体中折面的多变和绚丽,看似是有

图5-7 阿格拉剧院的缩尺模型

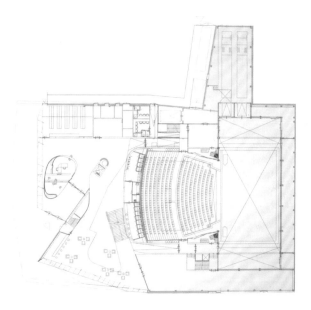

图5-8 标高±0.00层平面图

意为之的形式感很强的艺术品。其实，恰恰更是内部空间机能的外显反映。比如，高抬起的放置舞台设备的机电空间是整个建筑的制高点，这可能会影响周边相对低矮的城市天际线景观，但是建筑师运用彩色的折面手法将其突兀的体积感消解，并成功地融入了整体的场所设计中（图5-9）。所有立面都由具有不同角度的翻折面板构成，这些面板是以钢板和玻璃覆盖的分层构造，呈现出黄色、橙色、橙红色和红色的丰富变化。这个剧院的设计特殊之处不仅仅其个性的外形，更大的创新是它不同于传统大型演艺中心的演艺区、演艺区公共前区、演职人员后区那种标准的"三分式"功能布局，在阿格拉剧院中几个剧场、面客的前厅、餐饮、休息甚至是演职员的后区空间都和谐共存于一个完整空间体之内，剧场、观众、演员的关系水乳交融。从观众的角度，他们从进入这个建筑开始，就开始了感受这

个曲折、充满灵动的空间序列，观看演出似乎变成了不是必要的"规定动作"；从剧院的角度，绚丽的外形使其本身就是一个巨大的演出现场，特别是中央楼梯的天井空间，阳光倾泻而下，空间被时间增加了四维的刻度；从演员的角度，位于入口上方的艺术家门厅使艺术表演者们能在一个巨大的倾斜落地窗中注视着观众进入剧院。

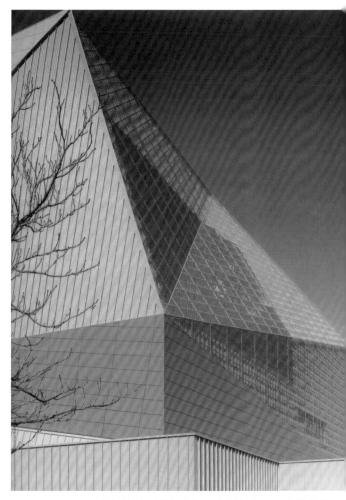

图5-9 彩色的折面语言消解了南侧舞台区巨大的体量

5.2.2 专业剧院五维"心境"通感空间、六维"意境"记忆与文化空间、七维"化境"空间的营造

建筑师团队长期致力于探索如何将建筑本身作为一种具有吸引力的媒介，而阿格拉剧院的设计恰好体现了UN Studio的一贯追求和对于建筑的价值观。如果将这个色彩斑斓的剧院比喻成为一种食物，那它绝对是一道品种丰富、色彩明艳冰爽的水果沙拉。建筑的外立面通过黄、橙黄、橙红和红色的不同梯度的色相，以及穿孔金属板及瓦楞金属板的不同翻折和叠透形成了让人充满食欲的外观——酸（黄色、橙色）甜（红色、橙红色）可口。进到剧院内部，清亮的环境使"口味"暂时淡了下去，仅有粉红色的楼梯飘带一直飞扬出屋面，环绕着开放式休息空间中心的空隙空间，延伸至墙面，最后通达屋顶（图5-10）。在视觉上，整个过程的颜色会随着灯光从紫罗兰、深红色到鲜红色，最后几乎变成白色，算是室内公共空间跳动的一抹颜色。而753座剧院是一个纯正红色的剧院，也是"甜度"最高的剧院。颜色的运用带来了联系味觉的"通感"感应，这种全新的尝试堪称极不寻常和极具创造性的设计。

建筑的内外墙面层叠的多彩镂空金属表层形成了一种万花筒般的世界舞台效果，很虚幻、很魅惑、很有吸引力。这个建筑内与外的表皮的表情毫不隐藏它的张扬与激情，在荷兰这个填海成国的国家能产生这样的剧院一点儿都不会令人奇怪，因为开放、自由与激情澎湃的变化已经成为这个国家和民族文化基因中的一部分。

这种张扬、跳动的设计语言会让我们依稀回忆起20世纪20年代在这个国家的"风格派"尝试，让人感受到了这个国家文化和艺术的历史脉络和回忆。

图5-10　悦动的室内公共空间

5.3 专业剧院的"理"规制

5.3.1 专业剧院空间层次与形态之梳"理"

前文提到了，剧院中的753座大剧场、207座小剧场、观众门厅、演员门厅、观众休息区候场区、演员休息区等空间全部被放置到了这个异形折面的建筑雕塑之中。观众从剧院北侧的斜向玻璃幕墙入口进入，门厅具备基本的问询、引导和接待的功能，同时兼有简单的餐厅和咖啡厅功能。作为一个中小型的剧院，观众前厅的入口区是单层（2.6m）的高度，人们通过这个温馨、近人的中小尺度进入剧院。但是迎面而来的是一个有着绚丽粉色的折纸般的楼梯扶手一直弯折环绕着向上升腾，通过采光天井延伸至室外，成为室外彩色金属幕墙的一部

分。共享楼梯区域成为剧院候场前厅的核心空间，在有限的建筑体量之内结合竖向交通营造了一个16m高的共享空间实为难得，这个空间组织和盘活了753座剧院和207座剧院的候场前区。建筑内部和外部的墙面被分成小块，塑造出万花筒般的舞台世界，使人们身处其中却难以分辨何处是真实的、何处是虚幻的，在这个剧院中戏剧和表演并不局限于舞台和夜晚，而是延伸到了白天和城市体验当中（图5-11、图5-12）。

演员门厅在整个剧院的东北侧入口，在这个区

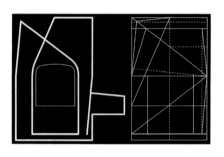  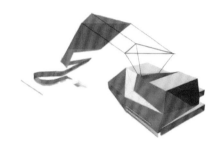

图5-11　阿格拉剧院的形体逻辑（一）

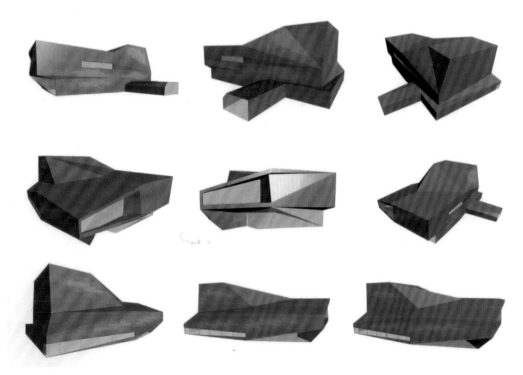

图5-12　阿格拉剧院的形体逻辑（二）

域的一层和二层分别布置了演职员后区的服装间、化妆间、道具间、工作间、卫生间和淋浴更衣间等演职人员的活动空间，这里有独立的对外出入口和竖向交通，得以与观众区的人流区分开来。同时，演员的休息厅设置在二层北侧的"镜框口"的平台上，这也暗示着一个面向城市的舞台台口，演员可以看到游客、观众出入剧院的情境，增加了演员与观众之间的亲密度（图5-13）。

主观众厅是一个10m高的红色大厅，拥有753个座位的剧场算是一个中型剧场。观众厅的平面形式为经典的马蹄形，拥有一层楼座，内部整体的形态延续了翻折的"金刚石"的个性化的表面，极具特色的内部形态与建筑外观的语言一脉相承。

阿格拉剧院的设计者在建筑占地有限的情况下巧妙地创造出了层次丰富和动感的空间序列，观众从低调的前厅，再到盘旋而升的共享楼梯，最后进入16m高的观众大厅，情绪层层递进，烂漫绚丽的色彩环境也将观众从冰冷、现实的城市环境中"解救"出来。

5.3.2　专业剧院空间光影与照明之机"理"

剧院的设计者特别注重自然光的引入，北侧的首层观众入场区是通透的倾斜的玻璃幕墙（图5-14），将自然光以及室外的城市环境成功渗透至室内，增加了自然光的角度和明暗的变化带来的室

图5-14　西北入口的斜面的玻璃幕墙

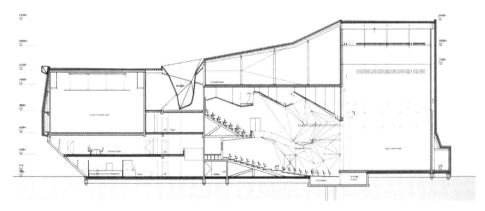

图5-13　阿格拉剧院的南北向剖面图

内空间的动态时间感（图5-15）。同时，在中央楼梯的共享空间也采用了天窗的做法，天光从上自然倾泻而下，使剧场这一块的公共交通空间成为流光溢彩的自然的空间，天光漫射到粉红色的楼梯侧板，进而通过光的二次反射将周边空间染色成淡淡的粉色空间（图5-16）。二层演员的休息平台也是

图5-15　首层北侧观众入口门厅的自然光

图5-16　共享楼梯中庭的自然天光

图5-17　753座剧院的场灯灯光模式

通透的玻璃幕墙，演员的休息厅充盈着自然的舒适感。因为天光被均匀地引入到室内，所以，当观众从室外步入室内时不需要瞳孔过多地应付"明适应"和"暗适应"之间的转变，人们柔和、自然地进入剧院的空间。

在剧院前厅的人工照明方面，照明设计并未做过于复杂的不同层次的照明处理。摒弃了功能照明、界面照明、装饰照明、重点照明的固定的多层次照明处理，而是采用了布置相对均匀的点光源照明以达到空间照度和均匀度的要求，因为公共空间的主角是色彩和自然光，所以人工照明就做到极致简单和返璞归真。

753座剧院也是采用点光源同等均匀布置作为解决场灯的照明手段。只是增加了多回路的控制，使观众厅在候场模式、演出前模式及演出中模式均有不同的照明情境（图5-17）。

5.3.3 专业剧院空间色彩与材质之肌"理"

颜色和材质的运用是这个项目的重点。从建筑的外部到室内，色彩渐渐变得丰富。同时，在外立面与室内空间的色彩运用上，我们可以看到设计师独具的匠心。建筑外观的色彩是一种微差调和的关系，从红色、红橙色、橙红色、橙色、橙黄色直至黄色，在这个暖色的基调颜色里有12种不同色相和纯度的微小差别，而且，这仅仅是表达外观表皮语言的第一个运用手段。第二个手段是将外观的主要金属板分成瓦楞肌理和穿孔金属板两种，这两种不同的肌理随着外观的形态转折而翻叠、重叠并且相互渗透，"颜色＋肌理＋翻叠"这些酷炫的设计语言经过有效组织就如数学的排列组合那般，形成了几十种的微妙变化的表皮表情，层次感极为丰富（图5-18、图5-19）。

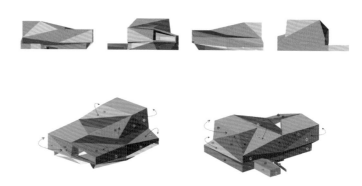

图5-18 阿格拉剧院外立面色彩体系

图5-19 阿格拉剧院室内色彩体系

图5-20　立体主义绘画

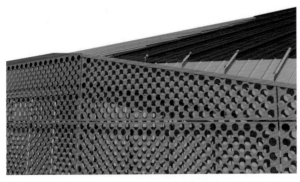

图5-21　外幕墙工艺细节

屋面的颜色是通过一条粉色的带状扶手如蛇一般从屋顶天窗蜿蜒而下到达剧院前厅各层表现出来的。这个色彩立体条带如同空间雕塑一般贯穿了整个核心空间。除此以外，剧院内的公共休息空间以暖白色为主要基调，配以少量紫罗兰色、深红色、樱桃色，成为外部的色彩与内部的公共空间之间的放松和过渡。木色地板的运用增加了空间的亲切感和温馨感。

753座剧场完全被红色充满，纯粹而且毫无杂质，红色的吸音板墙面和顶面、红色的地毯、红色的座椅，整体效果震撼。

5.3.4　专业剧院空间细部与符号之意"理"

阿格拉剧院是一件生动的作品。它的建筑逻辑更加接近于解构主义的风格——卓尔不群。我们能从这个剧院对于颜色、材料和形体的设计语言上感受到荷兰的"风格派"甚至是20世纪初"立体主义"所带来的影响。剧院室内到室外的材料和建构工艺都是现代化的、工业化的，在细部上我们看不到什么直白的象征性符号（图5-20）。但是，建筑师通过缤纷的色彩和细腻的材质搭配整体成功地呈现了一个斑斓的万花筒（图5-21）。

5.4　专业剧院的"术"应用

5.4.1　观演中服务于"演"的技术

舞台机械及剧场设备的设计如下。

753座剧场的舞台并非标准的品字形舞台，主舞台约为150m²，舞台区域的结构高度为约为24m，栅顶层高度为20m，这个舞台的台上机械主要是满足舞台投光灯、幕布等的吊杆，舞台的台下机械极为简单，没有复杂的车台、转台一类的舞台台下机械。仅仅在舞台的前区下面有一个下沉的空间用于储藏座椅，同时，在舞台和观众池座之间有一个下沉的小型乐池空间可以供乐队演奏。

753座剧场的舞台灯光设置了两道面光，同时第二道面光又结合了追光的功能。镜框式的台口两侧又各设置了两道耳光，面光与耳光的设计巧妙地结合了金刚石的折面造型（图5-22）。

5.4.2 观演中服务于"观"的技术

（1）建筑声学设计

马蹄形的753座剧场形态为声学提供了较好的空间原始条件，作为以话剧和室内乐为演出定位的剧院，中频混响时间定为1.2s左右，这个混响时间的设置有利于以对白为主的话剧的语言清晰度的还原，同时通过适当的电声扩声设备以满足室内乐的演出需求。红色的墙面吸音板是为了达到尽量缩短混响时间而设置的声学构造。同时，犹如金刚石般的波折表面也起到了声学扩散体的作用，使室内的声场更为均匀。座椅表面的布艺是多孔的材料，另外，红色地毯的使用都大大增加了空间表面的吸声性能。

图5-22 剧院面光与耳光自然的容纳到折面的裂缝之内

（2）视线设计

楼座以及池座的座椅平面排布采用临排错位式，这样可以使每排比前一排视线C值升起的高度控制在60mm左右，通过这样的视线设计方案使池座和楼座的升起坡度不会过大，从而有效地控制整体的厅堂容积，以便保证短混响时间。

5.4.3 观演中服务于"管"的技术

剧院的流线设计极为考究，位于西北侧的观众入口是独立的，观众进入到剧院内部能直接看到接待问询台；随后，设计师巧妙地设置了一个迂回的流线使观众转一个弯到达共享竖向楼梯的交通空间。这样使得人流在人为拉长的流线过程中增加消费的可能，同时，也有效地疏解了进场和散场的人流密度（图5-23）。

演职人员的入口是在建筑的东北侧独立的、处于东北角的这个一层和二层的剧院组团内，演员区与观众的人流完全隔离开来。建筑的东南侧有一个独立的货物和道具装卸通道，以用于大件的道具和服装等物流。

图5-23 粉色回廊引导的观众流线

06

音乐厅的
"情、境、理、
术"系统分析

本章以OMA设计的葡萄牙波尔图音乐厅为案例分析音乐厅的
情、境、理、术的设计体系。

6.1 音乐厅的"情"本体

6.1.1 音乐厅周边环境之"情"况

坐落在多罗河河口的波尔图是葡萄牙的第二大城市，位于葡萄牙北部，城市向西面向大西洋，是一个重要的港口城市。波尔图市人口有26万多，由15个区组成，葡萄牙的国名与波特酒都源于这城市，其旧城区与周围产酒区已经是世界的物质文化遗产。波尔图在2001年被评选为"欧洲文化之都"，位列2019年度全球500强城市的第306名。

波尔图市自然与人文景观丰富，多罗河蜿蜒穿越整个城市，地理位置位于北纬41°09′，西经8°37′，地处滨海平原，属于海洋性温带阔叶林气候。气候宜人，冬季温暖湿润，夏季相对干燥凉爽。新城大部在北岸，即老城东岸的丘陵坡地上。

波尔图音乐厅的基地就处在保存完好的老城区的中心广场（博阿维斯塔广场）边（图6-1～图6-3）。音乐厅的对面是一座19世纪晚期建造的公

图6-1 波尔图音乐厅面向博阿维斯塔广场的环境鸟瞰图

园，旁边没有大型的建筑。建筑设计团队为雷姆·库哈斯领导的荷兰OMA事务所。建筑师并没有按照固有的城市广场形态，通过建筑的体量设计去"完型"这个古典的圆形广场，而是以一种更创新的形态与中心广场呼应。新音乐厅的出现不是刻板和守旧地遵从老城的城市肌理，而是以一种变革型的设计激发了波尔图的新老城区之间的积极对话。建筑的外观是简洁、锋利的清水混凝土几何形体，并且建筑的底部被"切削"掉一部分，尽可能减少了建筑的占地面积，将室外的城市空间尽量地反哺给市民，由此建立了建筑与城市的积极关系，丰富了室外进入室内的空间序列，使建筑更好地融入周围环境之中。在这些公共空间中，各种各样的活动正在发生。音乐厅建筑像一个巨大的岩石，音乐厅的形状像个"鞋盒"镶嵌在里面。

6.1.2　音乐厅物质功能之"情"态

　　OMA历时近4年（2001年9月至2005年4月）设计了新音乐厅。波尔图音乐厅是波尔图交响乐团的"新家"，它于2005年首演开业，总建筑面积约为$4.9×10^4m^2$，地上10层，地下3层，建筑总高度40m，大音乐厅的平面跨度最大处有70多米。这个外形如宝石的新颖的音乐厅内部容纳了一个1250人的大型音乐厅和一个350人的小型音乐厅，并在两个音乐厅的外围的剩余空间设置了10个排练室、录音室、教育空间、一个餐厅、露台、酒吧、一个VIP室、行政空间以及一个可以容纳600辆车的停车空间、技术设备用房以及垂直交通空间。1250座的大型音乐厅可以满足国际一流的交响乐及管弦乐乐团的专业演出；350人的小型音乐厅可以满足小型室内乐、独奏等多功能音乐演出。

图6-2　音乐厅与广场

图6-3　音乐厅旁边的老城区

图6-4　波尔图音乐厅外立面

6.1.3　音乐厅精神功能之"情"感

波尔图音乐厅作为波尔图国家交响乐团的新主场，坐落在该市著名的老城区博阿维斯塔广场旁边。无论从内部的观演关系和建筑所处的外部环境的焦点性（图6-4）。新的音乐厅都担负了极大的精神功能的诉求，选择由OMA事务所设计更印证了这个音乐厅的重要性。从建筑的城市精神角度来讲，建筑师通过全新的设计凸显了新音乐厅的仪式性和纪念性，OMA不希望在历史区域的中央再建造一座

古典的历史建筑，而是在公园前石灰覆盖的高地上建造一座独立的现代建筑，在极具特色的建筑外部容纳了一个最利于建筑声学处理的"鞋盒式"音乐厅。这座建筑通过现代与传统、创新与经典、超现实与现实等设计语言的极致对比产生的张力创造了巨大的"建筑意"，通过这种方式变革性地凸显新音乐厅的纪念性和永恒性。

从城市空间到室内公共空间再到音乐厅，建筑师一反传统，没有设计一个巨大的前厅空间，而是

利用各种楼梯、平台和垂直电梯连接音乐厅的公共内部"通廊",建筑内部除了音乐厅外似乎没有停留性空间,游客一直在旅途中,这个建筑空间对于游客而言就像一次冒险。从音乐厅往外看,城市不仅仅只是背景,不断变换的城市景观透过扭曲的玻璃投射到室内,使得整个音乐厅空间如同漂浮于城市之中。OMA所彰显的从内到外的革新性的设计方法所体现出的巨大张力使该音乐厅成为老城区的新地标(图6-5、图6-6)。

图6-5　周边环境看向音乐厅

图6-6　建筑脚下的城市空间

6.2 音乐厅的"境"营造

6.2.1 音乐厅三维"物境"与四维"易境"空间的营造

音乐厅建筑设计的整体逻辑简洁、明了。建筑体积是由最初的一个简洁的几何体开始，经过一系列的空间减法得到最终的建筑主体空间的体量（图6-7）。外形如金刚石般的建筑墙上开了大大小小的洞口，这些立面的窗墙比1：3的各个界面使建筑与城市形成对话，洞口内部的空间与外部城市景观产生着类似于中式园林的"框景"的视觉景观关系，看与被看交融、新与旧冲撞，OMA给建筑内部与外

图6-7 建筑体量减法生成的逻辑/王鹏

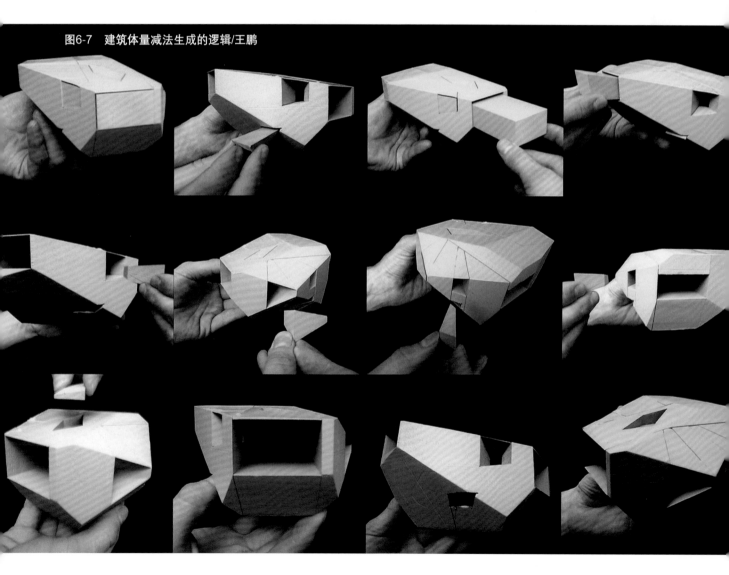

图6-8 音乐厅外部的缓坡广场

图6-9 进入音乐厅的室外台阶

部设置了丰富的视觉轴线关系,建筑不再是孤立的体量,而是视觉渗透的"透气"的现代雕塑。

不仅建筑物的内部空间设计得极为前卫、大胆,建筑外部与城市周边的形态融合也极具新意。新音乐厅的这块巨石虽然外形标新立异,但是它并没有对周边的历史古城的尺度造成压迫感。建筑师巧妙地利用下沉广场将建筑的总体视觉高度降了下来,地势变化丰富的广场以缓和的坡度向东北、西南两个方向延伸,借助地形、公交车站、咖啡店和地下停车场的入口等设施都被暗藏在广场下面,最大限度地减少了对周边保护街区的干扰(图6-8)。

图6-10 音乐厅内部台阶

OMA在音乐厅室内外的流线设计上,从坡度丰富的室外广场、室外一直延伸盘旋到室内的巨大的楼梯台阶、露台、自动扶梯等动态交通元素,形成了一直"盘旋游动"的室内公共空间,当人们走入其中,在行进的路线上,空间展现出不断变幻的城市景色和室内空间序列。就像很多传统的欧洲小城,在这个流动的街巷人们可以停留、小坐、交谈,并欣赏城市的景色。这个音乐厅不仅仅是个音乐厅,它丰富、有趣的内外空间使其成为新的市民中心(图6-9~图6-11)。

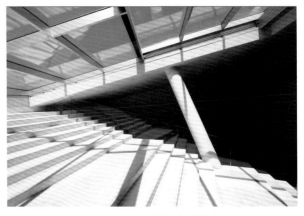

图6-11 音乐厅内部台阶休息区

6.2.2 音乐厅五维"心境"通感空间、六维"意境"记忆与文化空间、七维"化境"空间的营造

深受"风格派"和"立体主义"影响的建筑大师库哈斯，设计了这座建筑的独特外观，具有卓尔不群的识别性（图6-12）。由浅灰色混凝土构成的结构体系同时又是建筑外表皮及室内饰面的主体部分，这从空间的精髓上来看又颇有现代主义的"外观是内在结构的外显"的精神。从室外缓坡的下沉广场再到游走的室内空间，这条流动通达的交通线路又极具柯布西耶的"新建筑五点"的精神。这些惊奇的设计语言让我们感到既陌生又熟悉。而库哈斯在处理室内与室外城市空间的关系时，设置了一系列的"洞口"，让厅堂与城市景观互通渗透、交相辉映，这又颇有东方园林中"步移景异"的空间层次处理的神韵。室内的公共空间，均为"通路"型的台阶、走廊、平台等形态，这又让人联想到欧洲古城街巷的近人尺度的亲切与热闹。

对于音乐厅内部的设计构思，库哈斯一反自己的习惯做法，没有去挑战传统"鞋盒式"音乐厅的形态，这有利于建筑声学的设计。设计师希望借助主音乐厅的设计从另一方面来改进传统的设计，即是重新定义室内空间和室外公共空间之间的界限。波尔图音乐厅以一种本质创新的方式展示了自己的室内空间组织，同时为古城区带来了一道划破天际的亮色（图6-13）。

图6-12 立体主义的联想

图6-13　波尔图音乐厅室内的游动空间与萨伏伊别墅

6.3 音乐厅的"理"规制

6.3.1 音乐厅空间层次与形态之梳"理"

　　大多数的剧院都只能服务一小部分文艺爱好者。大多数市民只能看到它们的外部形状，只有少部分市民有机会了解到新音乐厅的内部是什么样子。OMA将这种关系当作内部的音乐厅与外部的公共空间之间的关系进行处理，这个处理的基本逻辑就是通过一系列的减法将音乐厅室内的魅力尽可能地向外释放到城市。

　　新音乐厅地上10层、地下3层，建筑外形如钻石般的波折，在建筑的奇特外形里面容纳着两个主要的音乐厅。主音乐厅为1250座（可以供国际级的交响乐团、管弦乐团演出），这个1250座的主音乐厅形制是最有利于音乐厅声学设计的传统"鞋盒状"。鞋盒状的音乐厅东西走向，贯穿了整个建筑体量，纵向上占有了3、4、5、6层共四层的共享空

间，这个传统的音乐厅在减法的设计逻辑下第一个被"剪掉"了其内部空间，东西两侧采用特型玻璃幕墙使音乐厅的内部与城市景观相互渗透。第二个被"剪掉"内部空间的音乐厅是300座多功能音乐厅，这个音乐厅是南北走向的，但是在正南正北的方向上水平微妙地转动了一个角度，这样使两个音乐厅之间的剧院公共空间形成丰富的形态变化。

　　4层的快餐厅及网络音乐空间、6层的VIP室、8层的餐馆以及屋顶平台等这些围绕着两个音乐厅的主要附属功能空间同样是用"减法"从"钻石"的体量中被减去。

　　在以上被逐次剪掉空间的剩余空间里面，建筑师采用平层通廊、平台、巨型台阶等流动的共享空间形态组织了一条串联各个功能区的交通空间。沿这条流线的行进过程也是一条景色千变万化的冒险之旅。OMA摒弃了传统音乐厅的前置空间设置豪华大厅的传统，通过紧致的内部空间组织将空间尽量

还给城市。这个交通流线使得建筑在作为音乐厅使用的同时也可以举办庆典，成为一座真正的音乐之家（图6-14～图6-18）。

大量的排练厅空间被布置在首层、地下一层和地下二层等区域，售票处设置在首层南北向的"通廊"空间之内，这些功能空间是嵌入到"钻石"体量之内的。

图6-14　音乐厅首层公共空间

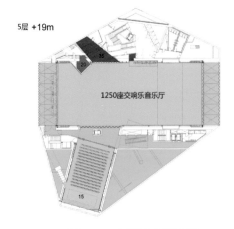

图6-15　音乐厅5层平面图

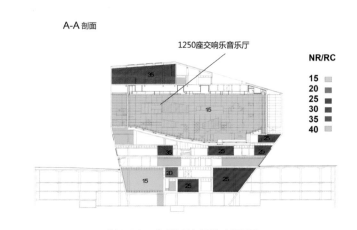

图6-16　音乐厅东西向剖面图

图6-17 1250座音乐厅室内效果

图6-18 公共空间的"薄纱"内透照明

6.3.2 音乐厅空间光影与照明之机"理"

前文提到过，建筑独有的生成逻辑拉近了城市景观和室内空间的距离；同时，在建筑的各个角度自然光被充分地引入到了室内。自然光在各个空间进入到室内的角度不同，产生出的情境和空间气质也不同。当自然光进入到室内，如何处理好人工光与自然光的关系尤为重要，解决好从室外进到室内的光照的"暗适应"是人工照明的重要课题。在波尔图音乐厅室内公共空间的照明设计中，人工照明的设计语言极为简练、让人惊叹，OMA并没有将传统的功能照明、界面照明、装饰照明、重点照明这样的法则和流程去固化地运用。在应用了清水混凝土的素色的公共空间里，采用了墙顶一体化的内透光漫反射的照明手段解决公共空间的照明，在薄如纱翼的金属穿孔板的后面安装了条形的发光光源，灯光照射到清白的混凝土界面上后反射回来，透过金属穿孔板照亮了所有的首层通廊、各层楼梯环廊等空间，这种均质的照明效果突出了室内混凝土空间雕塑感的表达，同时，简化的室内照明层次也凸显了与自然光的明确的二元对比关系（图6-19）。

1250座音乐厅的场灯照明也采用了与公共空间类似的照明方式，线性的光源藏在金属网吊顶的后面，形成了柔和的基本厅内的场灯照明，保证观众在进场和散场时的功能照明。音乐厅内在东西方向有自然光进入，所以在厅内的明暗视觉适应上也进行了处理。东西向双层的波浪玻璃既有声学的效果，同时，又可以使进入到室内的自然光更加柔和（图6-20～图6-22）。

图6-19 音乐厅室内公共区同一空间在不同时段的光感

6.3.3 音乐厅空间色彩与材质之肌"理"

（1）混凝土

波尔图音乐厅的建筑外立面是平滑而棱角分明的轻灰色混凝土，因为素混凝土体块的"切削"和内部的"减法"空间，使建筑内外的第一层公共空间极具特色，就像钻石一样。这个混凝土的表皮形态不仅仅是建筑内外的外显装饰面，同时也是建筑结构本身的受力体系，整体400mm厚的外部混凝土壳体和1250座音乐厅内将近1m厚贯穿整个建筑东西向的墙体承担了建筑70%的荷载。在"鞋盒形"音乐厅和"钻石"的空隙空间内，通过斜梁及水平的楼板将蜿蜒的空间连接在一起，这加强了整座建筑的结构刚度。所以，在各个流转的公共空间中我们能看到戏剧性的混凝土巨型楼梯和斜梁、斜柱，这形成音乐厅公共空间的第一层的材料触感表情。

（2）洞石

音乐厅如钻石般的体量被古旧的黄色洞石广场包裹着。这个用洞石铺砌的广场是一个不规则的由平缓的坡起和盆地组成的室外微地势，可以容纳多种的市民活动。洞石表面的斑驳、古旧的肌理与周边历史建筑街区保持了气质上的某种呼应。库哈斯对洞石比较钟爱，他在中国北京的中央电视台总部大楼的裙房底部也采用了与波尔图音乐厅广场类似的洞石设计。

图6-20　1250座音乐厅场灯效果与演出效果

图6-21　1250座音乐厅东侧进入的自然光

图6-22　透过曲面褶皱玻璃看向1250座音乐厅

（3）玻璃幕墙及褶皱玻璃

　　玻璃幕墙是新音乐厅中第二种重要的材料应用体现。在1250座音乐厅中最让人惊叹的设计是，厅内东西两面墙体用庞大的褶皱玻璃建造，这个看上去很像是折叠的幕布。这种曲面褶皱玻璃形式既满足了厅堂音质中声扩散的作用，又加强了建筑的艺术感和美感。原本玻璃本身是一个通透的媒介，曲面的褶皱增加了玻璃的体积感和质感。无论从建筑外部看向音乐厅，还是从音乐厅看向城市，曲面玻璃都让这个世界更加戏剧化。

（4）金属穿孔板

金属穿孔板是室内公共空间及音乐厅内的顶面材料。它主要是通过跟线性的光源在一起形成匀质的光的漫反射面，解决室内的环境照明。同时，薄如蝉翼的穿孔板与轻灰色混凝土的材质搭配形成了不同细腻度的材料表情对比。

（5）木质多层吸音板与金箔

"鞋盒形"音乐厅的主体墙面采用了廉价的多层板木饰面，同时在表面辅以波纹状布置的金波，这个特殊的材料产生了对于声音的吸收和反射的不同效果，同时金色的加入也让音乐厅更显华丽。

具体如图6-23～图6-28所示，在这些重要的功能

图6-23 从左到右依次为：黄色洞石、混凝土、穿孔金属板

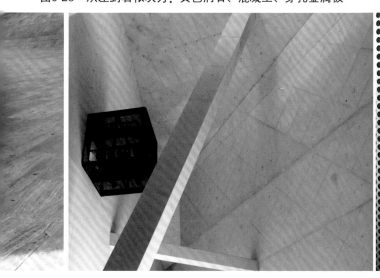

图6-24 曲线褶皱玻璃墙及其细节

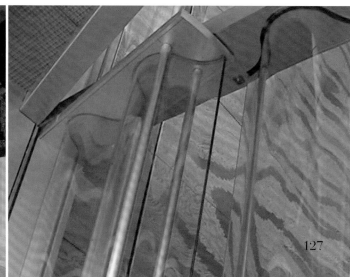

图6-25　1250座音乐厅内木墙面＋金箔

图6-26　蓝色陶瓷的墙面

图6-27　屋顶楼台的菱形瓷砖墙面和地面

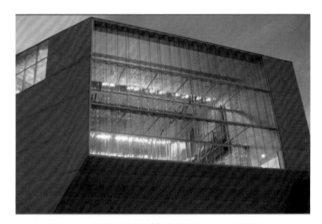

图6-28　傍晚透过褶皱玻璃看向1250座音乐厅

空间之外，OMA还用了一些原木质材质以及陶瓷饰面应用于诸如接待处、休息厅及屋顶露天平台等。这些神来之笔并不显得突兀，反而让人顿感惊喜。

6.3.4　音乐厅空间细部与符号之意"理"

波尔图音乐厅是一个积极思考与城市空间关系的创新性很强的建筑。它的外观和室内空间有解构主义的风格倾向，同时，也有形式就是功能的外在反映这种现代主义的精神脉络。建筑的外部、室内等各个材料的细节设计和构造设计体现了简洁的特征。在整栋建筑当中，不会看到既有符号一类的狭义的后现代设计语言。建筑的整体风格也是植根于立体主义、风格派、构成主义等20世纪的新的艺术思潮。在这个风格有点粗野的混凝土建筑内，镶嵌了褶皱玻璃这种精致的材料，在主音乐厅中舞台侧壁的巨型管风琴配合着巨大的玻璃幕墙外的波尔图老城区的景色，形成了意境上的呼应（图6-29、图6-30）。这里要说的是，有些蓝色手绘陶瓷和屋顶瓷砖的应用简直是库哈斯的灵感突现，为整栋建筑带来意想不到的惊喜，蓝瓷会让人联想到荷兰代尔

图6-29　从历史街区看向音乐厅

图6-30　音乐厅与老城区

夫特的蓝瓷工厂，荷兰又是库哈斯的祖国。看来，建筑的创作是脱离不开创作者的成长背景。

6.4　音乐厅的"术"应用

6.4.1　观演中服务于"演"的技术

专业的音乐厅因为其演出内容和形式的原因，其台下机械的设计很简单，或者几乎没有台下机械。但是，往往在舞台上方的反声装置是项目中重点设计的内容。

1250座音乐厅内的反射板是设计师从学生使用

的气球中得到的灵感。它是一个很轻的而且能反射声音的材料，通过模拟发现，舞台上方充气反射板能够为观众席提供既高效又不过分强烈的反射声。

它的上层膜是由200μm厚的ETFE透明材料制成，下层膜是由5mm厚的柔软的PVC材料制成，反射板中加入了气压。整个结构相当于充气薄膜，实验用调节膜结构中气体的容积来影响反射板对声场的反射作用。如图6-31、图6-32所示，为声反射板在不同气压条件下的反射系数，经过测定发现1.6mbar的空气压力是最好的。

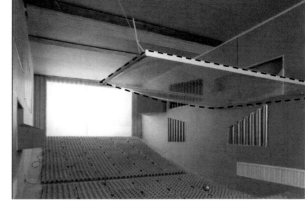

图6-31　音乐厅舞台反声构造/王鹏

图6-32　反声罩的不同角度调节/王鹏

6.4.2　观演中服务于"观"的技术

（1）建筑声学

为什么库哈斯采用鞋盒式的音乐厅形状，而不采用现代音乐厅较流行的梯田式或马蹄形镶嵌在其中呢？那是因为他通过对大量经典音乐厅（埃因霍温音乐厅、维也纳金色大厅、荷兰阿姆斯特丹皇家音乐厅）形制的研究，发现鞋盒式的房间形式可以使室内混响时间略长一点，但梯田式的音乐厅使室内混响时间略短；同时根据研究发现，座位数一致的音乐厅，鞋盒式的形状使室内明晰度更好，而梯田式音乐厅的则明晰度稍低（如同样是1250座的埃因霍温音乐厅）。但波尔图音乐厅有其传统的演出剧种，其演出剧种更侧重于语言的表达，因此明晰度对波尔图音乐厅的演出非常重要，要求明晰度更高（图6-33），所以库哈斯对于波尔图音乐厅整个

大厅的容积方面的设计就是承袭维也纳金色大厅的鞋盒式形制建造的。

为了达到良好的室内音质设计，波尔图音乐厅利用了计算机模拟和三维模型模拟，还测量了舞台上方反射板的特性，同时也重点考虑了曲面褶皱玻璃的扩散技术等，来达到声学设计的要求（图6-34、图6-35）。

图6-33　波尔图音乐厅内部

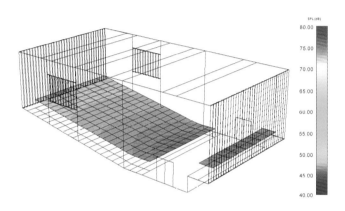

图6-34　1250座音乐厅声压级/王鹏

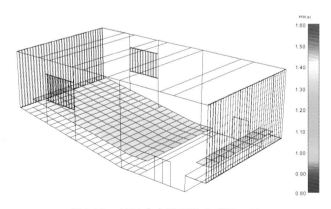

图6-35　1250座音乐厅混响时间/王鹏

（2）缩尺模型

尽管电脑模拟对制定决策相当有帮助，但是它仍然基于声线跟踪技术，却忽略了三维空间对声音扩散的影响。声音在座位区的掠射衰减过程很难用计算机模拟完成。因此，在经过大气吸声矫正的条件下进行了1：10缩尺模型测试（图6-36）。材料的样品在1：10的缩尺混响室中测试是为了获得，模型里使用的材料与实际情况中观众及装修材料的真实的吸声系数最接近。尽管在较低频率部分吸声的效果有所不同，但是精挑细选的测试材料与在实际规模中材料的吸声系数是相接近的。所以，测试的混响时间和音乐厅模型内的其他参数指标更加可信进而对决策有利。在模拟用的1：10缩尺模型中，使用中密度板做墙体，观众席采用鸡蛋托形制，褶皱的玻璃也是按照方案的比例进行缩尺，反射板是采用5mm厚的透明PVC板，管风琴和灯管条都是采用毛毡，所有的材料面积比例和实际面积比例是一致的。这样可以根据模拟来调整方案中扩散体的位置和数量及反射板的位置等，以此来达到设计目标。测试系统采用Dirac2.0软件，并用自制的电火花和无指向性声源进行发声模拟。其中测点位置与计算机模拟中测点位置一致。

（3）曲面褶皱玻璃的特性

音乐厅中最让人惊叹的是，大堂前后两面墙体用庞大的褶皱玻璃建造，很像是折叠的幕布（图6-37）。为什么设计师要进行这样的设计呢？就是由于音乐厅内的乐队位置很低，所以声音反射范围呈三角形，乐队和玻璃在同一层时会出现声音的反射在室内分布不均的声学缺陷。库哈斯针对这个问题在室内利用相关材料，如曲面褶皱玻璃做了大量反射。所以，这种形式既满足了厅堂音质中声扩散

的作用，又加强了建筑的神秘感和美感。弯曲的玻璃映射出外面的世界，整个屋内给人的感觉好像悬浮在城市当中的梦幻。这也是波尔图音乐厅最特别、最令人兴奋之处。

图6-36　缩尺模型/王鹏

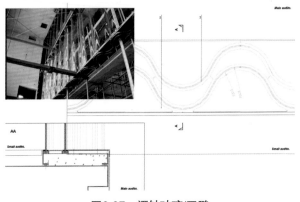

图6-37　褶皱玻璃/王鹏

（4）QRD扩散体

在音乐厅的声学设计中一个很重要的声学材料是QRD扩散体，它既可以扩散也可以吸收声音（图6-38）。邀请了清华大学建筑物理实验室的燕翔、王鹏老师提供相关资料，采用专业声学软件协助复原和分析研究该音乐厅内部的音质声场环境，做了四种QRD材料的测试。同时，根据软件还原，声学设计师为了消除扩散体对室内音质的影响，又做了空场混响时间的测试和满场混响时间的测试，满场混响时间几乎成为一条平直的曲线，但依然在250Hz有一个对声音的吸收。采用QRD矫正以后（黄色）这样的一个吸收了就消失了，从而达到了室内声学中对混响时间曲线尽量平直的要求。

（5）可变混响

设计师对音乐厅内的混响时间（RT）中频在1.5～2.3s范围内可调进行了设计，这是为了满足不同演出曲目的需要。它是通过调节音乐厅内前后的窗帘来实现的。波尔图音乐厅之所以有好的声学效果的重要原因之一就是因为有了这些窗帘。窗帘有三层：第一层只是起到遮挡阳光的作用，只有12mm厚；第二层是可滑动的吸声帘幕，对室内声环境有很大影响，它的移动仅需要1分钟就可以完全升上顶棚内；第三层是白色的帘幕，用来呼应室内的装饰色彩。具体如图6-39、图6-40所示。

（6）隔声降噪

波尔图音乐厅坐落于车水马龙的市中心。为了使观众能在安静的环境中聆听优美的音乐，享受安静带来的舒适和高雅，安静成为波尔图音乐厅的设计师首要考虑的问题，从设计开始就采取了很多创造安静、保证音乐厅不受外界噪声干扰的措施（图

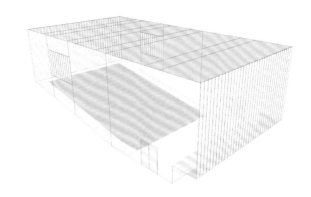

图6-38　1250座音乐厅声学模型/王鹏

图6-39　第一层帘幕/王鹏

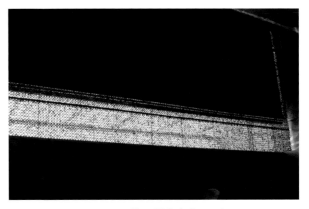

图6-40　第二层声帘幕/王鹏

6-41）。

① 隔声窗的选择：为了避免广场噪声的传入，建筑采用两种墙体结构，即素混凝土外墙和玻璃幕墙，另外音乐厅还采用了房中房结构，使音乐厅内背景噪声低于 $NR=15$（相当于20dBA）。为了达成这样的设计目标，曲面玻璃采用夹胶玻璃被并被分成若干个单元用硅酮胶进行粘连，所以玻璃并没有框架，从而避免声桥的产生。为了满足隔声量（第一层玻璃的降噪量需达到34dBA），在实验室中测量了不同玻璃的隔声量。经过测试，音乐厅采用最外层隔声量是35dBA，里层玻璃隔声量是370dBA，中间是200mm厚的空气层（中间无任何连接）的双层曲面玻璃构造，两层结合后的隔声量75dBA，达到设计的要求。

② 减振降噪措施：由于音乐厅是房中房结构，使音乐厅被自然地保护起来。而且双层玻璃的一层是在里面结构上而另一层是在外面结构上，两层完全无连接的构造使得隔声效果大为改观。为了进一步减少噪声，创造一个安静的声音环境，除了隔断外部噪声干扰以外，还针对观众厅内的噪声源进行了严格的控制。例如：采取置换式座椅椅脚送风的空调方式，减小空调风口产生的噪声；观众座椅采用特殊构造以减少普通座椅翻起的冲击噪声等。

6.4.3 观演中服务于"管"的技术

库哈斯认为，建筑应该在一个有限的范围内获得最大限度的自由，而波尔图音乐厅正是这种创造性设想的体现，所以在建筑的本体空间上，特别是首层是面向城市的四通八达的系统。而演职人员的内部办公及各种排练室均在首层及音乐厅地下部分。音乐厅建筑通过智能化系统、内通系统实现整体控制和管理。

图6-41　波尔图音乐厅中所有的声学装置

CHAPTER 07

音乐剧剧院的"情、境、理、术"系统分析

本章以北京天桥艺术中心为案例来论述专业的音乐剧剧院室内设计的"情、境、理、术"体系。

7.1 音乐剧剧院的"情"本体

7.1.1 音乐剧剧院周边环境之"情"况

（1）文脉环境、人文环境与社会环境

　　天桥源于历史上的一座北京中轴线上南北方向桥，它纵卧在东西向龙须沟上（图7-1）。由于是天子(封建帝王)经过这里祭天、祭先农的桥，故而称天桥。元代天桥处在大都城的南郊。明嘉靖年间增筑外城后，成为外城的中心。清代的前三门外是会馆、旅店、商业集中之地，天桥一带逐渐出现了茶馆、酒肆、饭馆和卖艺、说书、唱曲娱乐场子，形成天桥市场的雏形。同时天桥地区是北京民间艺术的摇篮和北京乃至中国平民文化的浓缩。天桥是面

图7-1　项目周边规划图

图7-2 20世纪50年代的老天桥地区

向平民百姓的,天桥的平民文化反映了平民百姓的喜怒哀乐和他们的祈求与愿望(图7-2)。

(2)周边观演生态及其他业态

天桥演艺产业区,指天桥地区,北起广安大街,东起南中轴路至永安门,南至永安门滨河路沿线,西至虎坊路二太平街;划分为演艺核心区、文化旅游品交易区、传统文化展示区、休闲娱乐区、演出经纪区、演艺功能溢出区。

7.1.2 音乐剧剧院物质功能之"情"态

北京天桥艺术中心以音乐剧为主要演出形态,同时是包含话剧、舞剧、秀、演唱会、芭蕾及交响音乐会等多种演艺形式在内的综合性剧场群。世界四大音乐剧之首的《歌剧魅影》作为艺术中心的开幕大戏首次亮相北京,同时拉开了艺术中心开幕演出季的帷幕。艺术中心没有驻场剧团和定制剧目,而是由北京天桥艺术中心管理有限公司统一策划和安排每年每季的演出剧目和相关文化艺术活动,近期《泰坦尼克号》《白夜行》等优秀剧目在演出季中纷纷上演。可以与天桥艺术中心等量齐观的比较著名的国内专业音乐剧剧院有上海文化广场。上海

文化广场自2005年改造后,中间建了一座建筑面积$6.5 \times 10^4 m^2$、观众席为2010座的以演音乐剧为主的多功能地下剧场,承载了上海的主要专业的音乐剧演出。

7.1.3 音乐剧剧院精神功能之"情"感

为了打造可以媲美纽约百老汇和伦敦西区的中国的音乐剧剧院群落。该项目选址北京中轴线的南延长线。北京中轴为历史文化的传承轴,北京的古建筑、充满艺术趣味的街市为中国文化及民俗文化的浓缩。北京天桥艺术中心的建筑以现代剧场形象呈现,城市中行走步行的氛围,体现北京城市的发展痕迹。同时,艺术中心周边的观演业态为天桥艺术大厦、天桥杂技剧场、德云社、天桥剧场、张一元茶馆、湖广会馆、北京工人俱乐部等,具备了观演文化的历史脉络和深厚底蕴。天桥艺术中心由1600座音乐剧剧院、1000座戏剧院、400座实验话剧院和300座黑匣子剧院四个部分组成。剧院顶尖的硬件设施、管理和运营团队以及汇聚世界精品的演出剧目,可以为观众呈现无与伦比的舞台视听盛宴,是大众舞台娱乐的绝佳选择(图7-3)!

7.2 音乐剧剧院的"境"营造

7.2.1 音乐剧剧院三维"物境"与四维"易境"空间的营造

北京天桥艺术中心面客区公共空间包括前厅、物品寄存处、取票区、咖啡厅、1600座观众厅、1000座观众厅、400座小剧场、300座黑匣子剧场(含观众厅精装区域及声闸)及部分舞台、贵宾服务区、VIP门厅、VVIP休息室、服务区水吧、声闸、衣帽间、卫生间、电梯厅、电梯轿厢、面客楼

图7-3　北京天桥艺术中心北侧立面

観演建筑空间设计

梯间等；后场区包括演员候梯厅、演员通道、布景间、舞蹈排练厅、戏剧排练厅、声乐排练厅、排练休息室、高管办公室、普通办公室、化妆间、VIP化妆间及卫生间、更衣间、淋浴间、候演区、乐器存

放间、服装存放间、音响设备存放间、乐队休息室、指挥休息室、布景间、乐器工作间、演职人员餐厅及备餐间、库房、安保人员休息室等（图7-4～图7-6）。

图7-4　建筑东入口

140

形制接近立方体的古戏楼大堂及长方体文化内街即分隔了几个剧场、同时又是剧场与剧场之间的连接交通纽带,四个极简的"方块体"形成现代主义的4个剧场观众厅及其附属候场公共空间,空间层次的错落有序也源自对"京味儿"街巷城市肌理的表达。艺术中心前厅的正中央,一座规制严谨的"古戏楼"从剪影中伸出,色彩艳丽的两层戏台蕴藏了百年天桥的绕梁余音,传统的戏楼与极致简约

图7-5 剧院内部公共空间

143

图7-6　1600座音乐剧剧院局部

的剧院公共空间形成极具张力的对比，犹如将中式戏曲念白与流行时尚的音乐剧唱法跨界融合。从北京中轴线向南的经典传统建筑的轮廓提炼为"剪影和轮廓"，成为现代、简约的建筑空间中的文化记忆，观众可以闪回到那个温馨、市井、亲切、热闹喧嚣的天桥（图7-7）。

7.2.2　音乐剧剧院五维"心境"通感空间、六维"意境"记忆与文化空间、七维"化境"空间的营造

"天桥印象"的室内设计概念可以解读为三个层次：第一层次为"天桥"的原印象，通过规制严整的古戏楼大堂，真实再现和追忆历史、隐喻传统

图7-7　剧院的古戏楼前厅

民间艺术百态；第二层次为"天桥"一次印象，通过文化内街剪影对中式建筑轮廓的抽象提取达到古今交融的空间意境；第三层次为"天桥"的二次印象，通过现代简约的剧场空间设计体现当代市民生活。

　　"天桥印象"的设计立意在前厅空间里通过对传统戏院、戏台的写实表达，将"百年天桥"通过中国传统艺术形式以一种"立游"的方式重现老天桥的繁华影像。"天桥印象"的设计立意在1600座剧院的设计中又将民居街巷元素与流行的玫瑰红的曲线剧场声学墙面融合成为中西合璧的音乐剧剧院空间。在1000座剧院的设计中，墙面块状的吸声墙体暗喻天桥市井撂地艺术的人文元素，寓古于今。

7.3 音乐剧剧院的"理"规制

7.3.1 音乐剧剧院空间层次与形态之梳"理"

　　空间层次及各尺度的处理如下。

　　艺术中心总的建筑面积为$3.4 \times 10^4 m^2$，剧院的空间层次和尺度分为大、中、小、微四种尺度的处理。首先，"大尺度"是指现代、极简的方形剧场公共建筑空间，用极简的现代主义营造了剧院室内与城市公共空间的衔接，用经典戏楼与简约北京的对比增添了现代与传统的戏剧闪回，古戏楼大堂及文化内街既分隔了几个剧场，同时又是剧场与剧场之间的连接交通纽带（图7-8）。四个极简的方形体量构成现代主义的剧场公共空间，空间层次和尺度的错落也源自对"京味儿"街巷城市肌理的表达，大堂中央的经典的古戏楼直接面向天坛公园，形成了古戏楼前厅、城市空间再到天坛公园的东西方向上的景观视觉轴线。

　　"中尺度"为马蹄形的音乐剧剧院空间以及鞋盒形的戏剧剧院空间，通过流畅的线条感设计暗合音乐剧舞台艺术的时尚与通俗。1600座剧院为主剧院，观众厅的面积为$1587 m^2$，池座为1141座（VIP为57座、乐池区为151座），二层楼座为229座（图7-9）。鞋盒形的中剧场以话剧演出为主，池座为605座（VIP为36座、乐池区为82座），二层楼座为334座。

　　"小尺度"的设计语言采用了人文含义浓重的如"屋檐、牌楼、山墙"等中式抽象剪影，写意地

图7-8　古戏楼前厅三层画廊前厅

图7-9　1600座剧院

将人文元素融入现代主义空间中。最后，"微尺度"的设计体现在材料交接、标识导引的视觉形象等细部设计上，处处暗合天桥意蕴。

7.3.2 音乐剧剧院空间光影与照明之机"理"

自然光与人工光的设计如下。

古戏楼大厅的东侧和顶面有自然光进入，这也产生了空间内的"明适应"和"暗适应"问题。照明设计通过自然光分析，在室内的人工光照明中充分考虑对自然光的阴影处进行补光。面向东侧的古戏楼大堂及前厅，随着太阳从东方升起到夕阳西下，经历了早上充足的晨光、中午雕塑感的光影以及傍晚温暖柔和的漫反射自然光，形成颇具时间感的场景体验。

古戏楼大堂及文化内街走廊的人工照明布置如下。

功能照明：中心基础照明为金卤轨道灯。氛围照明：LED线性洗墙灯。装饰照明：轨道金卤灯为古戏楼形成重点照明、古戏楼与剪影间的缝隙照明、剪影照明。

具体情况如图7-10～图7-13所示。

1600座剧院空间人工照明布置如下。功能照明：金卤灯及LED灯相搭配，灯具数量减少到最低，天花结构隐藏灯具，使空间品质更完整纯净。利用二层座池底面隐藏灯具，为一层座椅提供局部照明。氛围照明：线性投光灯具隐藏安装于天花内照射天花顶板，柔和的光线突出顶部弧形关系。灯具隐藏在墙面内，透过墙面的圆形孔洞照射天花顶面，呈现投光效果。红色墙面的洗墙渲染使墙面的华丽效果更显著，分区域性回路分配方使场景组合

图7-10 古戏楼前厅的功能照明（图片来源：优雅式照明）

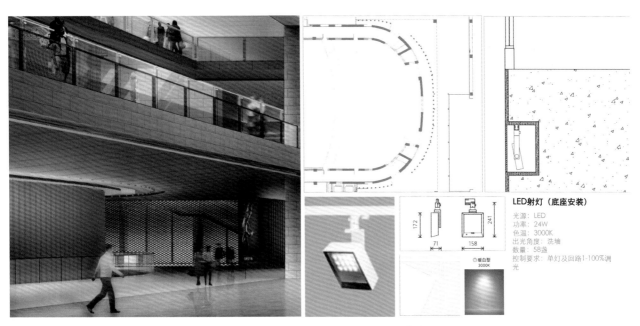

图7-11 古戏楼前厅的界面照明（图片来源：优雅式照明）

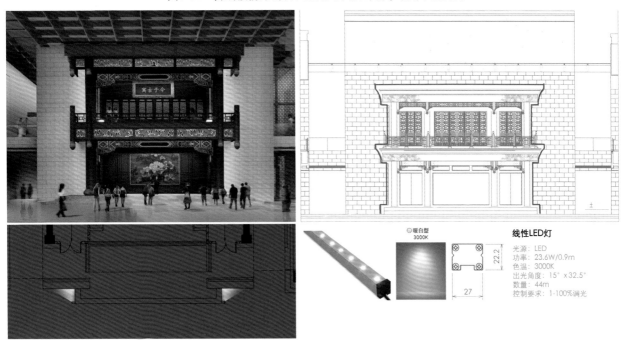

图7-12 古戏楼前厅的重点照明（图片来源：优雅式照明）

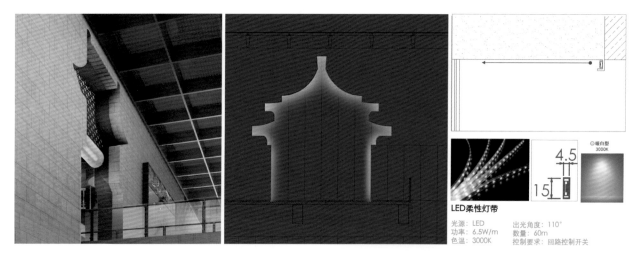

图7-13　文化内街的装饰照明（图片来源：优雅式照明）

调用，灯具隐藏在结构细缝内。装饰照明：入口处门头造型内藏可调光荧光灯，局部创造照明节点。

灯具侧装于座椅下方，照射台阶牌号数字，有效避免对前方演员的视线干扰。具体如图7-14所示。

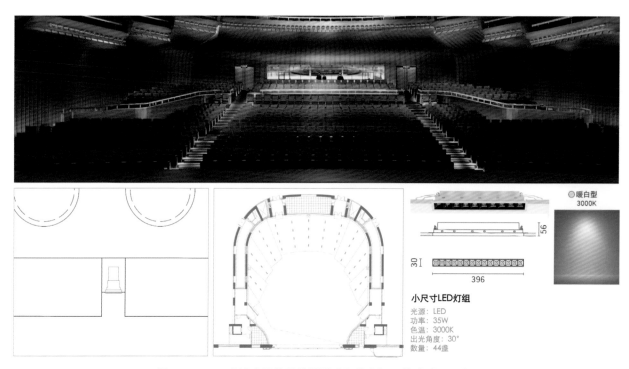

图7-14　1600座池座区的装饰照明（图片来源：优雅式照明）

7.3.3 音乐剧剧院空间色彩与材质之肌"理"

剧院前厅由中正优雅的"米色"大厅＋色彩绚丽的"古戏楼"构成古今交汇的空间,采用30厚450m×900m黄洞石墙面和地面构筑了极具现代感的门厅和文化内街以及四个剧院的前厅候场空间(图7-15)。GRG造型仿铜剪影在古戏楼前厅勾勒出仿古建筑的剪影并与传统的古戏楼形成内外穿插的关系,使观众从前厅看到戏楼也会形成完整的戏楼感知,不规则穿孔石膏板吊顶满足了公共空间的吸声需求。

1600座剧院的色彩及材质运用为玫瑰红的时尚帷幕状凹槽的墙面扩散体和吸声体＋香槟金的龙鳞纹的GRG吊顶(图7-16、图7-17),既有华丽的观演氛围,又不乏音乐剧演出需要的时尚环境。墙面材料的具体构造如下:第一层,吸声玻璃丝棉(容重48kg/m³)表面外包玻璃丝布;第二层,18厚阻燃板;第三层,吸声玻璃丝棉(容重48kg/m³)表面外包玻璃丝布;第四层,织物饰面。

1000座剧院是一个木色的"声匣子":方形错拼的1000座反射加吸声的声学墙面。墙面材料的具体构造如下:第一层,吸声玻璃丝棉(容重48kg/m³)表面外包玻璃丝布;第二层,18厚木饰面板。顶面材料:20厚GRG造型板表面仿木纹艺术漆。

7.3.4 音乐剧剧院空间细部与符号之意"理"

(1)天桥艺术中心第一层"天桥印象":再现天桥

在艺术中心里面最核心的部分就是分隔以及衔接4个剧院的古戏楼大厅,这个大厅的正中央以正乙祠戏楼为原型复原了一个规制最为严整、经典的中国传统戏楼。这是一个写实的表现天桥文化的意境的建筑符号。

图7-15 古戏楼前厅的剪影

图7-16　1600座音乐剧剧院

图7-17 1600座剧院楼座

（2）天桥艺术中心第二层"天桥印象"：隐喻的 "中轴线"

　　除了规制经典、严谨的中央古戏台，在剧院公共空间里的界面基本是以现代主义的简约的方盒子空间来展现的。采用米色洞石形成的这些方体空间彰显出中国的韵味。在戏楼大厅、文化内街能看到中国古典意味的建筑轮廓剪影，从前门、大栅栏牌楼、天坛再到正乙祠戏楼等这些矗立在北京南中轴线上的中国传统建筑被设计师抽象提炼出剪影来隐喻北京中轴线上的文脉（图7-18～图7-20）。

图7-18 从古戏楼望向东侧

图7-19　文化内街里隐喻的剪影（一）

图7-20　文化内街里隐喻的剪影（二）

（3）天桥艺术中心第三层"天桥印象"：隐喻的"民居细节"

在1600座音乐厅剧院内，玫瑰红色的织物墙面的凹凸细节犹如美国百老汇的音乐剧的帷幕，令人感觉华丽而时尚。二层楼座的金色瓦当、二层楼座的入口处的型花门以及金色肌理GRG吊顶隐喻地象征了天桥曾经的盛世。

7.4 音乐剧剧院的"术"应用

7.4.1 观演中服务于"演"的技术

1600座剧院观众厅舞台技术指标：观众厅面积为1587m²，台口尺寸为16m（宽）×10m（高），观众楼座最大视距34m，观众池座最视距32m。品字形舞台的主舞台为29m（面宽）×21.4m（进深），两侧舞台为18m（面宽）×21.4m（进深），后舞台为29m（面宽）×9.6m（进深）。

1000座剧场的观众厅舞台技术指标：观众厅面积为920m²，台口尺寸为14m（宽）×8m（高），观众楼座最大视距28m，观众池座最大视距25m。舞台的主舞台为26m（面宽）×20m（进深），两侧舞台为7m（面宽）×20m（进深），13m（面宽）×20m（进深），池座605座，楼座334座。

1600座剧院灯光技术指标：第一道面光与舞台台口线夹角46.7°、第二道面光与台唇边沿夹角48.1°、第一道耳光与舞台夹角40.2°、第二道耳光与舞台夹角29.7°。

1000座剧院灯光技术指标：第一道面光与舞台台口线夹角46.7°；第二道面光与台唇边沿夹角45.0°；第一道耳光与舞台夹角31.2°；第二道耳光与舞台夹角17.0°。

剧院演出交响乐时、可考虑在舞台上设置活动的反声罩。其作用如下：隔离巨大的舞台空间，节约自然声能，防止声音在舞台上被吸收和逸散。便于乐师间的时时相互听闻，提高演奏的整体性，为观众厅池座的前中区座席提供早期反射声。

7.4.2 观演中服务于"观"的技术

（1）建筑声学设计

① 混响时间（RT）：中频的混响时间为1.2s，混响时间考虑6个频带，各频带的中心频率为125Hz、250Hz、500Hz、1000Hz、2000Hz、4000Hz、各频率的混响时间允许有10%的偏差。

② 在自然声源条件下，厅内声场的不均匀度应≤±4dB，最大与最小声级差值≤8dB。

③ 演出时最大的干扰噪声不得大于25dBA，干扰噪声一般来自建筑外部噪声、相邻房间产生的噪声和设备的噪声。厅内噪声应满足NR20曲线或LA≤25dBA。

④ 语言清晰度，剧院内大部分区域大于满足50%～70%，观众席音质明亮、亲切。

⑤ 音乐清晰度：剧院大部分区域满−4～4dB,有利于对音乐层次的表达。

⑥ 侧向声能：剧院内指标全在20%～40%之间，剧院内具有环绕感。

1600座音乐剧剧院声学构造：顶面采用20mm厚石膏阻尼层加20mm厚硬质GRG板的做法，提供更多的反射声。墙面为吸音玻璃丝棉外包玻璃丝布外装18厚阻燃板的构造，每个单元间距为50mm、100mm、150mm。侧墙下部采用反射构造，采用吸音玻璃丝棉外包玻璃丝布外装18厚阻燃板的构造，其声学构造为防止共振吸收，要求板与板之间不得存在缝隙或者密封的接缝。侧墙的上部，距离楼座地面2.5m高度以上的范围采用吸声构造，采用吸声三聚氰胺海绵（容重9.7kg/m³）和透声阻燃布的声学构造，其声学构造对声音有良好的吸声贡献，能够有效地控制混响时间。

1000座剧院声学构造：顶面采用20mm厚石膏阻尼层加20mm厚硬质GRG板的做法。吊顶内声桥和面光桥做封闭处理，同时面光桥和声桥做强吸声处理。墙面为容重48kg/m³的吸声玻璃丝棉，外加双层18厚木挂板，整体构造声学要求面密度至少为20～30kg/m³，防止低频共振吸收，要求板与板之间不得存在缝隙或者密封的接缝。观众厅的后墙距离舞台较远且与面对舞台，对剧院有可能出现回声缺陷，在声学构造中也做了相应考虑。池座后墙采用18厚木微孔穿孔板，其中木微孔穿孔板距离墙面200～300mm，空洞直径2～3mm，穿孔率4%～6%，穿孔板覆50mm厚容重48kg/m³吸音玻璃丝棉，减弱从舞台发出声音的回馈，通过吸声处理消除话筒啸叫的问题。

（2）视线设计

① 1600座剧场（图7-21）

最大俯角：楼座为21.8°。最大视距（m）：楼座为31.3，池座为33.7。C值（mm）：100。座椅排距（mm）：950/1050。座椅间距（mm）：550/600。

② 1000座剧场

最大俯角：楼座为22.1°。最大视距（m）：楼座为28.15，池座为24.35。C值（mm）：100。座椅排距（mm）：950/1050。座椅间距（mm）：550/600。

7.4.3 观演中服务于"管"的技术

剧场内安装的智能化系统包括通信网络系统、综合布线系统、有线电视系统、广播系统、无线对讲系统、信息引导及发布系统、售检票系统、建筑设备监控系统、安防技术防范系统、智能化集成系统及机房工程等。

（1）剧场家具的要求

1600座音乐剧剧院的座椅的单个吸声应控制在以下范围：观众厅的座椅对控制混响时间有重要的作用，设计拟定单个座椅的空座吸声量为0.5～0.6m²/座；待观众厅装修完毕后，座椅安装前进行中期的声学音质测试，依据测试结果确定座椅的具体吸声量，并要求剧院的座椅提供复合该剧院声学要求的检测报告（国家CMA资质的座椅声学测量报告），经过声学设计认可，方可生产安装。要求座椅空座和有人坐时，其吸声量的变化尽可能小，以减少不同上座率条件下，观众厅混响时间变化不明显。建议座椅采用木靠背和木质扶手，靠背内软垫层的厚度和密度根据声学要求进行设计和生产，座椅翻动时不产生噪声和碰撞声。

（2）剧场标识导引系统的要求

具体应包括综合信息标识、前台标识字、楼层信息标识、电梯楼层索引标识、人行分流指示标识、楼层信息标识（吊挂）、电梯厅位置标识、电梯厅楼层号标识、电梯编号标识、步梯间楼层号标识、步梯间位置标识、剧场入口编号标识、剧场分区分道标识、座位号标识、服务设施位置标识、剧场总索引标识、电梯轿厢楼层信息标识、功能间位置标识、设备间位置标识、卫生间标识、消火栓位置标识、警示类标识、紧急疏散图标识、室内广告位。

（3）剧场运营的基本要求

① 厨房顾问对VIP休息区的服务间、二层前厅两侧水吧等都有机电提资的义务，应按该提资进行

图7-21　1600座音乐剧剧院

内装设计和预留。

②预留设备设施检修口。

③所有涂料、板材、石材必须符合环保要求。

④ 所有材料满足国家相关消防规范的阻燃要求。

⑤面客区装饰构造物避免锐角尖角装修。

⑥ 公共区域高空照明或装饰灯具需满足防坠落要求。

⑦台阶边缘有防滑设计。

CHAPTER 08

旅游景区主题剧场（秀场）的"情、境、理、术"系统分析

本章以青岛东方影都秀场为案例解读旅游景区主题剧场（秀场）的"情、境、理、术"全因素系统。

8.1 旅游景区主题剧场（秀场）的"情"本体

8.1.1 秀场剧院周边环境之"情"况

青岛的地域文脉丰富而悠久，作为近代崛起的城市具备东西方文化交融的优势，在接纳外来文化的同时，本乡本土的文化也保持着旺盛的生命力，青岛区域文化有着深刻的历史渊源，儒家文化、海洋文化、西方文化都有体现和融合，青岛区域的文脉具有开放性、理性化、多样性、和谐化和创新化的特色。

青岛东方影都位于山东省青岛市黄岛区西海岸经济新区中央商务区内，距黄岛中心区15km，距青岛市中心城区30km，规划总用地面积364公顷（hm²），其中青岛东方影都秀场位于青岛东方影都填海区的核心地段，是东方影都的重要组成部分之一（图8-1、图8-2）。该项目地块位于人工填海区域，北侧为滨海步行道，南侧为城市市政道路，东侧为四星级酒店，西侧为大剧院项目。东方影都秀场与大剧院项目总规划用地面积约13.74hm²。东方影都秀场为一定制的大型剧场类建筑，建筑面积约2.15×10⁴m²，其中地上部分1.71×10⁴m²，地下部分4400m²。建筑高度36.8m，包含一个1480座的秀场及相应的配套服务空间。

8.1.2 秀场剧院物质功能之"情"态

"定制秀场"剧团的表演即不同于传统的歌舞剧院，又与传统马戏表演有天壤之别。首先，定制秀场会有固定的剧团驻场和"量身定做"的表演剧目。其次，表演中融合了多种不同的舞台表演艺术，如街头表演、马戏、歌剧、芭蕾舞、摇滚乐等，除了以上的艺术型表演外，杂技、魔术、小

图8-1 东方影都秀场鸟瞰及夜景图

图8-2 东方影都秀场夜景图

图8-3 "青秀"开场

图8-4 "八仙秀"演出剧照

丑、空中飞人等技能类、技巧类体育运动也会包含其中，这些复杂丰富的表演门类通过统一的故事线索和悬念丛生的情节设置展现在观众眼前，声光电技术高度集成在剧院里，为观众带来极大的艺术感染力和震撼力。有别于传统的"镜框式"台口，秀场的舞台和观众区互动更加紧密，演员与观众相互交流，"观"与"演"的空间界线不再泾渭分明，同时，舞台机械更加复杂、特效更加炫目，营造出更为生动、"写实"的剧情情境。

"青秀"也就是"八仙秀"，该剧目由国际知名的演艺制作公司LPC打造。剧目取材自中国传统神话故事"八仙过海"，"青秀"的舞台为"水舞台"，所以"青秀"也是标准意义的"水秀"。水秀定制剧目强化"观"与"演"交融，舞台变化多端、美轮美奂，观众身临其境（图8-3～图8-5）。而且，东方影都的秀场剧院是为"青秀"量身定做的，剧团为驻场演出团队，剧目为常年保留剧目。

8.1.3 秀场剧院精神功能之"情"感

东方影都是万达集团、融创中国着力打造的属于中国甚至是亚洲的最有影响力的演艺区域生态，包括观演艺术从策划、制作、拍摄、出品直至演出以及相关的旅游设施配套的观演巨型链条群落，致力于引领中国的影视及观演创作的风向标；并寄希望借此成为与美国好莱坞及百老汇影响力比肩的"东方影都"。

而定制水秀及旅游型主题剧院的打造无疑是这个"观演航母"的最重要的旗舰项目。关于定制水秀及水舞台，国际和国内优秀的秀场案例很多，如由弗兰克·德贡打造的美国拉斯维加斯百乐宫酒店的"O"秀，演出团队是举世闻名的加拿大太阳马戏团。而同样由德贡先生打造的中国澳门新濠天地的"水舞间"是水秀这种表演形式跟亚洲文化完美

图8-5 "青秀"变换的舞台效果

融合的里程碑式的巨作。武汉"汉秀"是这种观演业态在中国大陆的第一个标志性案例,在演出剧目、设计立意、观演技术等方面均属国际一流水平。东方影都秀场也同属这种演艺形态。

8.2 旅游景区主题剧场(秀场)的"境"营造

8.2.1 秀场剧院三维"物境"与四维"易境"空间的营造

功能内容及布局情况如下。

不同于传统的大剧院模式的剧场,秀场是为剧目量身定制的,是专业性剧院,所以通常只有一个观众厅,其他的公共区及演员后区空间均紧紧围绕着核心演艺区。青岛东方影都秀场含面客区公共空间,包括有前厅、物品寄存处、取票区、特许商品零售店、观众厅(含观众厅精装区域及声闸)及部分舞台、贵宾服务区、VIP门厅、VVIP休息室、服务区水吧、声闸、衣帽间、卫生间、电梯厅、电梯轿厢、面客楼梯间等;非面客后场区,包括有走道(含电梯厅)、洽谈室、演出支持办公室、更衣间、快速更衣间、化妆间、化妆假发和服务间、理疗室、值班室、急救检查室、热身房、舞台开发办公室、工作室、办公室、会议室、更衣室、开敞办公区、会客室、档案室、卫生间、淋浴间等。观众、VIP观众、演职人员、道具货物等均有独立的入口及门厅，形成了面客区和非面客区的清晰交通分流。

秀场整体建筑平面接近正圆形，观众厅居中，其他公共空间、附属空间、演职员后区空间紧密环绕观众厅（图8-6）。建筑外部形态为三维的曲面幕

墙，造型犹如优美的海螺，展现了青岛的海洋文化，也同时契合了"八仙过海"的神话主题。室内设计延续海洋及海洋生物形态的设计形象。观众前厅是均衡对称的围绕"螺母"演艺厅的扇形空间，四层通高的观众厅的外表皮形态宛如巨大的"金螺"（图8-7）。经过声闸进入观众厅内，一个圆形

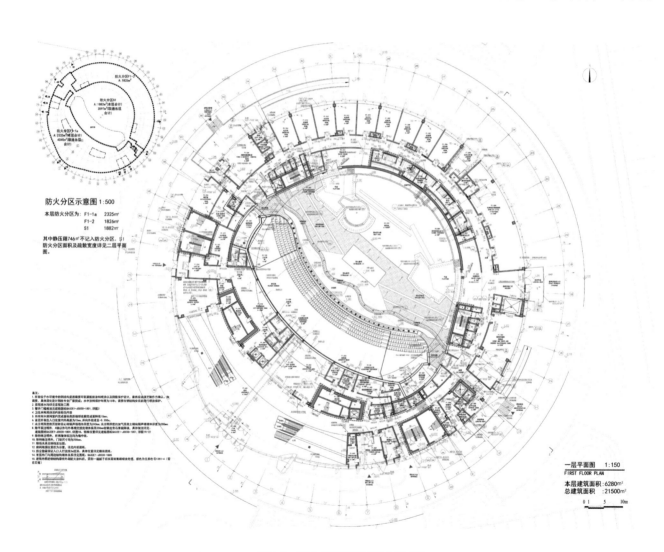

图8-6　东方影都秀场首层平面图

图8-7　东方影都秀场外立面

图8-8　秀场前厅声闸门口

的"水舞台"剧场映入眼帘，舞台与观众席亲密共融（图8-8）。

8.2.2　秀场剧院五维"心境"通感空间、六维"意境"记忆与文化空间、七维"化境"空间的营造

　　秀场室内设计中尝试通过全方位的感官体验而不仅仅是视觉这单一的感官来带动观众的情绪。前厅的背景音乐会产生潮汐的海浪声，通过听觉的元素在观众的脑海中构建出海浪的画面感，同时，前厅的拦河采用了海浪的曲线图样，这也是通过视觉形象引发出"惊涛拍岸"的声音的联想。二层金色贝壳般的GRG外墙面的质感有凹凸感，也通感了海边拾贝的触觉，视觉、听觉、触觉甚至嗅觉等感官体验的叠加和互动更加丰富建构了这一海洋神话意蕴的空间。空间造境的第五维与第六维分别为记忆空间和文化空间，秀场的室内设计中对海洋元素和"八仙"符号的演绎会勾起一代人对于童年时光的回忆和对海边的向往。

　　20m高的巨大的前厅形成具有"仪式感"和"殿堂感"的空间，它不仅关照了人的使用尺度，还形成了超尺度的精神空间，从而带来充满神秘感、向上升腾的"神性"空间，营造了既亲切又深远的演艺艺术空间。

8.3 旅游景区主题剧场（秀场）的"理"规制

8.3.1　空间层次与形态之梳"理"

　　观众从秀场和大剧院的广场鱼贯而入进入巨大"金螺"内腔般的前厅，前厅是一个面积为900m²的扇形空间，空间的总高度为20m，西南侧为巨大的三维曲面玻璃幕墙。"金螺"前厅基本上是以入口为中心轴线对称的格局。由对称的两侧扶梯上2层分别从6个贝壳形状的声闸进入一个圆形的纯蓝色水秀观众厅，空间尺度上是先扬、后抑、再扬的感受。在空间中不同尺度的设计语言上，大尺度、中尺度表现海洋生物的意向，小尺度、微尺度表现神话元素，自然元素与人文元素交相辉映。

8.3.2　空间光影与照明之机"理"

　　面客区公共区的照明分为自然光影的因势利导及人工光照明设计。首先，前厅曲线异形的玻璃幕墙和幕墙龙骨使太阳光投射入前厅后在不同时段均有动态的光影变化。其次，在人工光照明方面，顶面高照度筒灯如珍珠项链般环绕空间始终，解决了前厅的基本照明问题。在氛围照明方面，从二层通顶的贝壳凹槽内的洗墙光照明，造出巨大金螺的"竖向照明界面"；同时，漫反射光槽及洗墙照明的"呼吸式"变色配合不同节日及假日的气氛形成生动的与观众互动的照明（图8-9）。

8.3.3 空间色彩与材质之肌"理"

巨大的异形GRG前厅表面喷涂氟碳金漆，形成戏剧化的、辉煌的金螺空间，珍珠白的球形造型与淡蓝色海浪形态成为金螺大厅的点睛之笔。观众厅是一片蓝色的海洋，墙面材质使用750×1800板幅的不同穿孔率的深蓝色铝板拼装成寓意为"海浪"的波浪的造型形态，同时满足了吸声要求。观众厅顶面为2.0厚铝板网，网孔约7mm×5mm表面黑色氟碳喷涂漆背后100厚玻璃棉，表面包平纹无碱黑色玻璃纤维布（容重32kg/m³），专业的吸声顶面构成"蓝色海洋"的暗天空。

8.3.4 空间细部与符号之意"理"

东方影都秀场里面充满了象征性的符号和象形性的隐喻性设计语言，给观众以最强的演艺氛围的带入感和沉浸感。而且在象形性符号的运用上采用了大量的自然元素及少量的人文元素。如二层的金螺剧场外表皮采用了巨大的螺母表皮的肌理，呼应着整个建筑的外观效果以及定制剧目的主题。在二层檐口的处理上采用了海浪和珍珠的装饰纹理细分了厚重的尺度，同时又是仿生的有机形态符号；人行步梯的侧扶手采用了八仙的人文元素，这个弧形的侧板隐喻了曹国舅的法器；地面的不同深度的人造水磨石则寓意了是浪花与涟漪（图8-10～图8-13）。

秀场观众厅内则完全是一个沉浸式的蓝色海洋的剧场，波纹状的蓝色铝板墙面形成深海的环境氛围（图8-14）。

图8-9 秀场金螺前厅

图8-10 秀场前厅

图8-12 秀场前厅

图8-11 秀场前厅楼梯细节

图8-13 秀场前厅拦河细节（图片来源：作者）

图8-14　东方影都秀场观众厅

8.4 旅游景区主题剧场（秀场）的"术"应用

8.4.1 观演中服务于"演"的技术

舞台机械及吊挂系统、音响专业、灯光专业、视频专业、特效专业的内容如下。

水秀秀场不同于传统的镜框式舞台，演员与观众互动更加紧密，演员的活动范围很大，真可谓上天、入地、潜海无所不能，这些演员和道具的2D甚至3D移动和飞行全部依靠舞台机械专业的台上机械与台下机械的运转，演员可以从观众的四面八方出现，全部要靠环绕在观众厅内的各个标高上的钢结构马道和平台来实现，这样演员才能奉献出水、陆、空三栖表演。剧场灯光专业为演出打造出炫目的舞台光影的同时，剧场蓝光也为演职人员在表演过程中的调度起到至关重要的作用。配备吸声效果穿孔金属板的投影幕配合音视频设备营造身临其境的电影画质的舞美背景。特效专业营造出时而烟波飘渺时而惊涛拍岸的写实场景。在以吸声为主的"青秀"演艺厅内，电声音响逼真地还原了震撼的神话般的音效（图8-15~图8-17）。

8.4.2 观演中服务于"观"的技术

建筑声学设计的内容如下。

以电声为主要声源的青秀观众厅内的混响时间（RT）设定为中频的混响时间1.2s。秀场观演区（含观众区和舞台区）的墙面采用穿孔铝板吸声墙面及吊顶：2.0mm厚穿孔铝板（穿孔率>20%，ϕ3孔径，孔心距5mm）+100mm厚憎水玻璃棉（容重32kg/m^3）外包平纹无碱玻璃布一道+≥200mm空腔+原墙面/屋面板。

秀场观演区投影幕吸声做法：投影幕采用孔径

图8-15　秀场观众厅细部

图8-16　秀场观众厅内变化的舞台（一）

图8-17　秀场观众厅内变化的舞台（二）

1.5mm、孔心距3.2mm、三角形排列的穿孔金属投影幕，并设置≥80mm厚的离心玻璃棉（容重48kg/m³，外包黑色无纺布）吸声层紧贴在穿孔投影幕后，投影幕两侧及顶部用埃特板或石膏板等硬质材料封闭。

秀场观演区声闸做法：采用吸声墙面和吸声吊顶，贴墙面设置100mm厚离心玻璃棉（容重32kg/m3）外包平纹无碱玻璃布一道，表面装饰材料可选用透声布、格栅、穿孔板等透声材料。

秀场面客区前厅：顶部石膏板采用12mm厚穿孔石膏板＋100mm厚容重32kg/m3的憎水离心玻璃棉吸声构造；前厅侧墙面采用穿孔金属或穿孔石膏吸声构造；一层两侧通道吊顶采用穿孔石膏板吸声吊顶，铺贴25mm厚玻纤板，或吊挂穿孔铝方通（方通侧面穿孔、内填玻璃棉）的方式，材料及造型结合内装设计确定。秀场面客区一层售票大厅、四层员工餐厅结合室内造型采用吸声吊顶，可采用18mm厚矿棉板、25mm厚玻纤板、穿孔板或格栅吸声构造秀场面客区VIP门厅、贵宾服务区、贵宾楼梯厅采用吸声吊顶，如穿孔板饰面（穿孔率＞20%）或格栅（后加100mm厚憎水离心玻璃棉，容重32kg/m³）吸声构造吊顶。秀场面客区VIP休息室地面采用地毯，建议设局部吸声吊顶或局部吸声墙面，材料可采用25mm厚成品阻燃吸声板、木条缝板（后加玻璃棉），吸声面积约为总墙面面积的1/3。

秀场后区化妆间：采用吸声吊顶，如矿棉吸声构造（18mm厚矿棉板＋≥100mm空腔）或穿孔板吸声吊顶（穿孔率＞20%）秀场后区后台走道采用吸声吊顶，如矿棉吸声吊顶或穿孔板吸声吊顶；道具货运门厅、快速更衣的墙面及吊顶均采用穿孔金属板强吸声构造。

秀场后区热身房：采用吸声墙面或吸声吊顶，采用穿孔金属或石膏吸声构造（穿孔率＞20%，板后填100mm厚离心玻璃棉）。秀场后区会议室、工作室、办公室、开放办公室、多功能室采用吸声吊顶。

8.4.3 观演中服务于"管"的技术

运营及内控管理需要考虑如下内容。① 寻呼扬声器设备布局；② 内通设备布局：舞台视频监控显示器布点要求，包括总经理办公室、艺术和技术副总办公室、技术总监办公室、排练厅、舞台监督办公室、演员休息室、化妆间、技术（音响、锁具、灯光、特效等）、工作间和控制室、灯光控制室、潜水调度室、自动化操作室（含舞台机械和威亚）、水火特效控制室，舞台监控摄像头布点要求，包括音响控制台设置在观众席以便于更好地监听现场音效的效果，要考虑设备的检修通道和维修空间、舞台机械及控制系统应考虑双回路供电；③ 视频监控设备布置；④ 无线话筒电线布置；⑤ CUE设备布局。

灯光专业考虑：① 观众席照明应采用可调光设计，并由舞台灯光控制台进行控制；② 蓝光工作灯的布置；③ 舞台灯光的布置。

弱电智能化考虑：通信网络系统、综合布线系统、有线电视系统、广播系统、无线对讲系统、信息引导及发布系统、售检票系统、建筑设备监控系统、安防技术防范系统、智能化集成系统及机房工程等。

标识导引的基本要求：① 标识标牌的中、英文内容正确、完整，符合运营提资要求；② 能够触碰到的标识边角倒钝，避免划伤；③ 秀场夜间演出较多，室外和立面标识应为内发光式；④ 标识位置显而易见，指向明确，面向主流线。

室内标识的要求：① 洗手间、寄存处、电梯、商店、零售等的标识清晰，易于辨认；② 洗手间设置蹲、坐便标识；③ 后场空间较为复杂，导向方式应便捷明确；④ 房间标识准确；⑤ 电梯厅设置综合信息标识；⑥ 楼层标识准确。

CHAPTER 09

多功能剧院的
"情、境、理、术"系统分析

本章以OMA设计的Wyly剧院为案例解读多功能剧院室内设计的"情、境、理、术"全因素系统。

9.1 多功能剧院的"情"本体

9.1.1 项目周边环境之"情"况

Wyly剧院位于美国得克萨斯州达拉斯AT&T表演艺术中心之内,由国际著名建筑师团队OMA和REX设计。Wyly剧院的四面都临街。这个区域是一个观演建筑的聚落区,演艺文化及生态极为丰富。周边环绕了由华裔建筑大师贝聿铭设计的达拉斯音乐厅(满足播放大型交响乐、管弦乐及高雅音乐类的表演)、英国诺曼·福斯特事务所设计的温斯皮尔剧院(一个以演出大型歌舞剧、戏剧为主的大型演艺中心);同时,也有SOM设计的达拉斯城市表演厅。Wyly剧院的出现丰富了此区域演艺文化的表演形式和类别。这个小型的剧院以多功能演出和实验话剧演出为主,更加时尚和先锋。该剧院建筑面积只有7700m^2,于2009年10月开放首演(图9-1、

图9-1 达拉斯AT&T表演艺术中心夜景

图9-2 剧院外立面

图9-2）。

9.1.2 项目物质功能之"情"态

（1）演出功能

这个剧院号称全美舞台调整最灵活的剧院。可见，这个剧院要满足最大限度的多功能演出，传统戏剧、实验话剧、音乐会、演唱会、各种展会均可在底层的观众厅举行。更让人惊叹的是底层的玻璃幕墙是可以通过控制进行开合和移动的。所以，底层周边的城市用地也可成为观众甚至演出的一部分。

（2）观演关系

通过复杂的机械控制，剧场的座椅、舞台灯光、舞台幕布等均可以在较短时间内快速地转换成传统镜框式舞台、伸出式舞台、展开式舞台以及平坦的场地，以用来满足不同的表演剧目。

（3）场团关系

这个小型的575座剧院没有固定的驻场演出团队，它接待流动性的巡回演出及各类丰富的文艺活动。

9.1.3 项目精神功能之"情"感

当代的观演文化建筑需要为城市和市民提供更多样的公共活动，Wyly剧院因为革新性的垂直纵向布局设计，使得建筑"落脚"的周边产生了尽可能多的城市公共空间，这就成功营造了一个"场域"，激发城市公共文化事件的发生。游客可以看到观众厅内部的剧院，底层表演空间和公共空间中的活动清晰可见。这个创新的建筑内外空间给游客和慕名而来的观众不仅仅提供了观看演出的场所，同时提供给所有人一个社会公共生活的场所（图9-3～图9-5）。

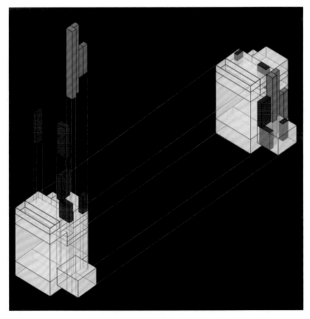

图9-3 剧院纵向模块及交通空间

图9-4 剧院外立面

图9-5 剧院内部

9.2 多功能剧院的"境"营造

9.2.1 多功能剧院三维"物境"与四维"易境"空间的营造

OMA一直关注建筑与城市的关系。站在城市主义的角度，库哈斯一贯的设计策略都是尽可能地使建筑不侵占太多的城市用地，功能模块都是尽量地纵向堆叠在一起的；同时，在与城市外部空间的处理上会尽量地将城市公共空间渗透到建筑的室内公共空间。这种设计策略我们在他的众多作品中均可见到，如葡萄牙波尔图的音乐厅设计。Wyly剧院也采用了类似的设计整体策略，创造出了不同于传统剧院空间组织模式的纵向剧院空间。剧院内的空间如门厅、演艺空间、后台空间、演职人员的化妆间、服装间、办公室、排练室以及露天咖啡厅等均垂直纵向布置在一个"11层＋1个夹层"建筑里。节约了建筑用地的同时也创造了新颖的建筑空间。

剧院以多功能演出为主，所以，在观演关系上，OMA对观众厅、舞台与台仓的关系进行了大胆的创新，改变了以往面客区前厅、观众厅、品字形舞台这些主体功能的水平铺展的布置模式，剧院的座椅可以通过机械装置升起，观众前厅位于观众厅的垂直下方，这都是以往的剧院少有的布局方式（图9-6）。

垂直的功能布置，将观众前厅、演职员后区等辅助空间都释放了出来，就将纯粹的观众厅暴露在城市景观里面。真实的城市场景可以动态地融入进来，自然的元素可以在表演空间内随意流动，观众厅突破了传统的黑屋子的"静态空间"，而变成了可以感知日升日落、风吹雨打的"动态空间"。周边美妙的城市风景也被拉进室内空间。

下沉式的广场也较成功地实现了人流分离。

图9-6　剧院门厅入口

9.2.2 多功能剧院五维"心境"通感空间、六维"意境"记忆与文化空间、七维"化境"空间的营造

575座观众厅与外部城市透过声学玻璃幕墙被分隔开。在观众观看演出的时候似乎也能通过周边自然环境和景观的融入而体会到鸟鸣、花香、风吹、雨滴。与此同时，活动的玻璃幕墙更使得外部空间完全与底层的观众厅融为一体，更成功地打造了一个"五感"互通的丰富的空间。Wyly剧院所具有的灵活的观演关系以及自由多功能的演出模式延续了这一区域自由的演艺文化传统。

9.3 多功能剧院的"理"规制

9.3.1 空间层次与形态之梳"理"

建筑结构的第一层次是巨型的混凝土斜柱，该斜柱与中间的钢结构的框架形成剧院的基本主体结构；之后，在钢结构框架之上采用支撑的受力结构，而在钢框架结构之下则采用了悬挂的受力体系；再之后是铝合金管和玻璃幕墙表皮。

剧院设计者在功能空间及流线组织的设计上颠覆了传统剧院的水平功能组织。Wyly剧院设计者将"剧院大厅（前置公共空间）+观众厅（演艺核心空间）+舞台（演员表演空间）+辅助用房（后区服、化、道等用房）"的传统模式改为"剧院大厅（置于观众厅之下）+观众厅（演艺核心空间）+舞台（演员表演空间）+辅助用房（后区服、化、道等用房置于观众厅之上）"这个创新的方式。库

哈斯表示："在一座垂直结构的剧院堆叠了各种功能的设施后，我们将舞台技术设定为可容纳各种活动安排的地方，而且能够完全打开或完全关闭。"经过室外的下沉广场，游客进入到地下一层的观众前厅空间，这个前厅是一个低调内敛的空间，但是却容纳了售票、接待和交通集散等必要的剧场附属功能。通过纵向楼梯，观众上到首层的575座剧场，眼前豁然开朗，这是一个共享的"演艺工厂"般的空间，并且与城市环境可开可合。观众流线上的空间序列整体上为开放（广场）—内敛（售票前厅）—开放通透（观众厅）。具体如图9-7～图9-10所示。

图9-7　剧院的结构生成逻辑

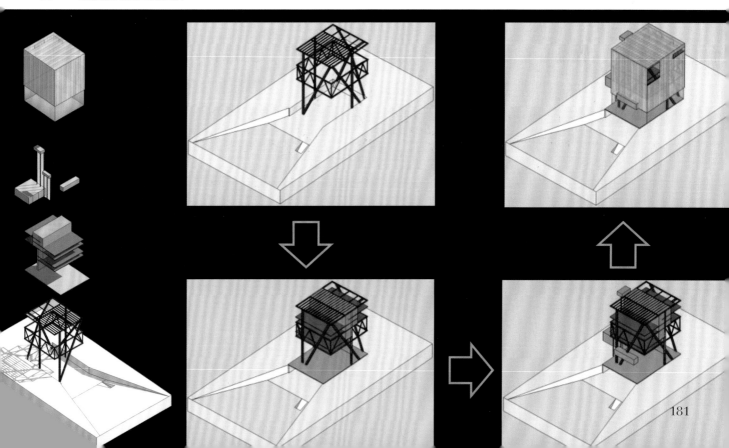

图9-8　剧院的前厅空间及交通空间

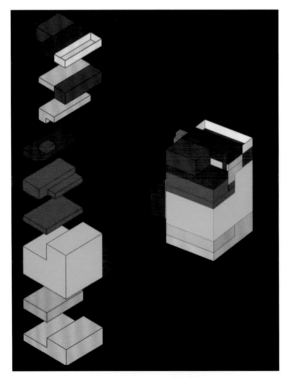

图9-9　剧院纵向堆叠模块

排练室

办公室

业主休息室

楼座存放空间

门厅

机械控制室

露天咖啡馆

服装制作室

舞台塔

演艺空间

后台

图9-10　剧院功能纵向堆叠分区

9.3.2 空间光影与照明之机"理"

地下一层的剧院前厅采用了内敛的照明设计策略。因为自然光进入不多，所以不存在太大的"明适应"和"暗适应"的难题，门厅的照明手法极其简练，仅仅采用了阵列型的"光柱"形成功能照明，而舍弃了界面、重点及装饰照明灯手法。这种化繁为简的照明方案大大地凸显了空间形态本身的纯粹性。

Wyly 剧院的首层是多功能表演厅，其四周通过隔音玻璃与外界隔离。自然光线和室外的景色可以进到室内，并成为演出的背景（图9-11）。在室内照明设计方面，如何解决同自然光的关系尤为重要。采用可控的隐藏式遮光窗帘，可以解决自然光与人工光的适应问题，也能起到调节混响时间的作用。首层剧院的场灯照明采用"隐藏式"的设计，满足满场演出的功能要求，不追求过多的照明层次。这样的场灯照明的策略凸显了"黑匣子"剧院还原观演行为本体的核心理念。舞台演出照明则是另外一个体系，这会在后面章节里详述。

首层剧院的百叶玻璃幕墙是可以自由移动，这

图9-11 剧院的首层多功能表演厅

图9-12　剧院可移动的玻璃幕墙

样可以使剧场与室外广场形成一体化的观演空间（图9-12）。

9.3.3　空间色彩与材质之肌"理"

Wyly剧院延续了OMA的设计风格，主体建筑生成逻辑明晰。以混凝土和钢结构为主体的结构形式同时也奠定了建筑与室内色彩和材质的主基调。区别于传统的剧院，室内设计不采用华丽的材料，而使用青灰色的混凝土墙面；顶面，水磨石地面；深灰色金属饰面材料的使用构筑了黑、白、灰的素描基调空间。在地下一层的交通空间内采用的金属锁链网材料犹如神来之笔，在整体的设计中真是意料之外却又是逻辑之中的精妙契合。正如库哈斯在波尔图音乐厅的混凝土建筑内出现的荷兰的蓝瓷材料，他的建筑语言似乎总会在严谨的深刻下出现一丝调皮（图9-13、图9-14）。

9.3.4　空间细部与符号之意"理"

剧院有明显的现代主义和城市主义的设计风格，建筑内外均没有采用明显的象征性符号来承续地域文脉，建筑自身是一个激活区域活力与城市文化生活的生命体。

图9-13　金属锁链网

图9-14　剧院外立面的铝板幕墙

9.4 多功能剧院的"术"应用

9.4.1 观演中服务于"演"的技术

Wyly剧院采用了先进的"super fly tower"技术，可以在一天之内变换演出的场景和观众座席，从而并改变剧院空间的布局，包括幕布、场地、演播室等，可以满足诸如音乐表演、演唱会、实验话剧、时尚秀、多种会议甚至看电影的需求。这个剧院也被誉为全美最有名的布局最灵活的剧院。它可以变换为镜框式舞台（满足传统的话剧以及戏剧）、伸出式舞台（满足服装走秀）、展开式舞台

（满足多功能表演）等三种方式。

9.4.2 观演中服务于"观"的技术

舞台变换、演出灯光可以通过吊机被统一或者单独地进行升降控制，混响时间的调节也可以通过周边的自动移动玻璃调节。隐藏的玻璃幕帘也具有声学（吸声、隔声）作用，通过它的开合调整混响时间的长短以满足不同的演出场景的需求。楼座与池座都可以通过控制进行移动、旋转、倾斜甚至"消失"的变化（图9-15、图9-16）。

图9-15 剧院的观演关系转换

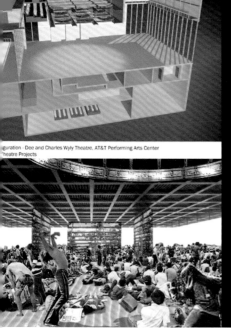
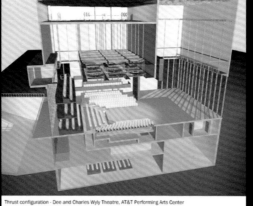
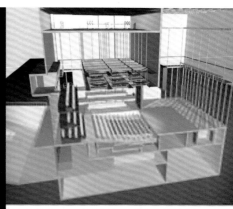

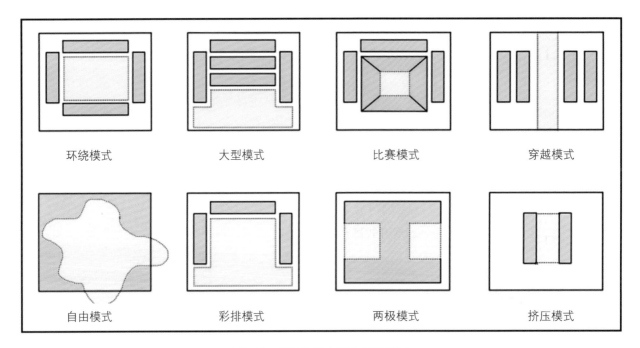

环绕模式　　　　大型模式　　　　比赛模式　　　　穿越模式

自由模式　　　　彩排模式　　　　两极模式　　　　挤压模式

图9-16　剧院的多功能模式/毛新丽

9.4.3 观演中服务于"管"的技术

排练用房、录音室、办公室、服装间等原来传统的后区用房被置于建筑的上部，改善了此类空间的空气与光线等的自然因素。建筑师通过纵向的功能分区而使观众和演员分流。

后记

2020年年初，新冠肺炎在全球暴发。突如其来的疫情使得人类社会原本飞速发展的各项生产活动被踩了一脚刹车。在国内，全国人民自觉居家，足不出户，共克时艰。以往生活在高压力、快节奏中的都市人向往的"慢生活"不约而至，我们有了更多的时间和家人相处、和自己相处。

这本书是在这样一个特殊的时期完成的。居家写作的日子，我找回了久违的内心平静和深度思考，有机会结合以往实际设计经验，全面、深入地对观演建筑的室内设计进行全盘回顾。通过"情、境、理、术"的不同层次把观演空间设计的全因素进行梳理，把观演空间的全体系进行建构，逐渐得出本人倡导的设计价值观里的"全局观"。同时，看到疫情在全世界的肆虐，也深刻领悟了，人类社会的发展也需要和谐自然生态、和谐人文生态的全局观。小到一个剧院的设计，大到一个区域的发展，要以全面客观的"情"为驱动，通过"理"制的技"术"而创造健康和谐的环"境"。这本书的写作，也是我经过多年的感悟和酝酿的"情"驱动之所得，因此要感恩我所有的经历。

感谢崔恺、孟建国、李存东、张扬、丰涛、赵文斌、曹晓昕、汪恒、杨金鹏、史丽秀、董晶涛、郭红军、韩高峰、曾筠、张晔、郭晓明、曹阳、江鹏、邸士武、王默涵、张然、李毅、邓雪映、董强等中国建筑设计研究院的领导和同事在工作中给予我的教导和帮助！

感谢中国建筑设计研究院的顾问总建筑师周庆琳、饶良修、刘燕辉给予我多年的专业指导！

感谢苏丹、陈亮、邵晶、韩靖、谢海涛、朱时均、章海霞、丁艳艳、沈绍文等多年给予我的支持和帮助！

感谢北京天桥艺术中心和青岛秀场的业主领导杨树聪、马进恺、张立雷、王朕、杨颖给予我的项目实践帮助！

感谢哈尔滨工业大学建筑学院的张伶伶、邵龙、吕勤智、杨世昌、金凯、石天光等老师给予我的专业教育！

感谢清华大学建筑物理实验室的燕翔、王鹏两位老师提供的相关资料以及对剧院项目音质环境的专业复原和分析研究。

最后，感谢我的家人给予我的关心和温暖！

室内设计师　张明杰

2020年4月

参考文献

[1] 焦鑫鑫. "剧院"不"剧院"——浅论音乐剧唱法与流行唱法的结合[J]. 戏剧之家，2017，（16）.

[2] 吕洋. 《室内乐简史》译文及相关问题研究[D]. 天津：天津音乐学院，2015.

[3] 何蕴琪. "音乐剧之王"《剧院魅影》来广州了[J].南风窗·双周刊，2015，（18）.

[4] 宋瑾. 从不同语境评析"音乐表演与欣赏的关系"[J]. 天津音乐学院学报，2019，（04）.

[5] 彭媛娣. 简论中美音乐剧的差异与发展趋势[J]. 中国音乐（季刊），2008，（03）.

[6] 胡星亮. 论"国剧运动"的话剧民族化思考[J]. 文学评论，1998，（3）.

[7] 汪涛. 论20世纪音乐剧的发展历程及其美学特征[D]. 重庆：西南大学，2002.

[8] 卿菁. 美国百老汇"整合音乐剧"[D]. 南京：南京艺术学院，2007.

[9] 黄河清. 美国百老汇运作模式及其启示[D]. 长沙：中南大学，2011.

[10] 曹子熙. 美国外百老汇音乐剧艺术特征研究[D]. 成都：四川师范大学，2018.

[11] 田本相，洪宏. 评胡星亮《中国话剧与中国戏曲》[J]. 安徽大学学报：哲学社会科学版，2001，25（05）.

[12] 书不山. 西方戏剧发展简说[J]. 河北大学学报，1982，（04）.

[13] 李道增. 西方戏剧·剧场史[M]. 清华大学出版社，1999，（04）.

[14] 戴根华. 东京新国家歌剧院的声学设计[J]. 声学学报，2000，25（05）.

[15] 徐桢. 音乐厅室内设计中的声学应用分析——以宜兴文化中心大剧院音乐厅为例[J]. 住宅与房地产，2019，（19）.

[16] 贺加添，李志斐. Control and Computer Simulation of Acoustic Parameter in a Drama Theater[J]. 华南理工大学学报，2007，35.

[17] 李志斐. 专业话剧院建筑声学设计研究[D]. 长沙：湖南大学，2009.

[18] 魏文倩. 北京地区"黑匣子"剧场空间设计研究[D]. 北方工业大学，2015.

[19] 杨安杰. 城市语境下的观演建筑设计研究——以延安大剧院设计为例[D]. 西安：西安建筑科技大学，2018.

[20] 陈虎. 当代中国戏曲剧院后台空间流线设计研究[D]. 北方工业大学，2017.

[21] 吕帅，燕翔. 特约专题：迪斯尼音乐厅的建筑与声学[J]. 电声技术声频工程，2014，（02）.

[22] 孙宗列. 定制设计——剧院建设热潮后的思考[J]. 建筑技艺，2015，（12）.

[23] 毛新丽，魏春雨. 堆叠 流动 转换——美国Wyly剧院设计分析[J]. 中外建筑，2010，（10）.

[24] 彭培根，法国人设计的北京国家大剧院有严重问题[J]. 南方建筑，2000，（04）.

[25] 李敏茜，梁耀昌. 观演建筑设计的地域性思考——长春净月潭保利大剧院建筑设计[J]. 建筑

创作/南方建筑，2009.（03）.

[26] 徐梓钧. 广州地区观演建筑室内公共空间设计研究[D]. 广州：华南理工大学，2019.

[27] 王晓华. 国家大剧院环境设计的文化解读[J]. 美术观察，2012.（08）.

[28] 李建磊. 国家大剧院与北京都市空间想象[D]. 北京：首都师范大学，2008.

[29] 欧阳方圆. 基于观演心理的剧场空间研究[D]. 广州：华南理工大学，2015.

[30] 姚文博. 基于观众行为感知的观演建筑前置空间建构[D]. 北京：北京工业大学，2015.

[31] 邹乐. 基于BIM技术的剧院室内设计方法研究[D]. 北京：北京建筑大学学位论文，2017.

[32] 于一平. 技术的诗意与艺术的理性——株洲神农大剧院与神农艺术中心设计随笔[J]. 建筑知识，2013.（03）.

[33] 熊晓丽，代熙. 建筑的历史况味——剧院设计专辑[J]. 现代装饰，2012，（03）.

[34] 叶娃·索乌库波娃博士. 捷克斯洛伐克的专业剧院[J]. 边疆文艺，1960，（05）.

[35] 张一闳. 剧场观众厅视觉动力场分析与空间形态设计[D]. 北京：中国建筑设计研究院，2014.

[36] 程塑. 剧院建筑绿色设计策略[J]. 城市建筑，2015，（22）.

[37] 武新年，钟镭，朱明明，巫根社，罗萍. 剧院设计中容易忽视的细节[J]. 环境工程，2014，（32）.

[38] 韩秦. 剧院装饰材料艺术设计表现研究[D]. 沈

阳：沈阳建筑大学，2015.

[39] 卢向东. 论清末民初对西方剧场的认识和实践[J]. 建筑技艺，2012，（04）.

[40] 大卫·格林德尔. 美国演艺场馆建设：演出决定剧场设计[J]. 演艺科技，2019，（155）.

[41] 杨亚稳. 美琪剧院后街文化研究及设计路径探究[J]. 美与时代（城市版），2016，（05）.

[42] 项秉仁，程塑. 内在理性和外在逻辑合肥大剧院建筑和室内设计[J]. 时代建筑，2010，（05）.

[43] 杨贤龙. 凝固的音乐——上海大剧院设计的美学分析和鉴赏[J]. 美与时代，2007，（06）.

[44] 梅婷婷. 浅谈剧院设计的人本主义思想[J]. 美与时代（上），2015，（01）.

[45] 张琴. 商业综合体中的观演建筑研究[J]. 城市建筑，2018，（17）.

[46] 王悦. 市场化经营下我国剧场的设计思路更新研究[D]. 北京：清华大学，2011.

[47] 项城市杂技艺术学校. 项城市杂技艺术学校杂技剧《盛世龙腾》驻演中国木偶剧院[J]. 杂坛聚焦，2019，（03）.

[48] 马岩松. 雪国江畔的中国式建筑——哈尔滨大剧院设计师马岩松谈设计理念[J]. 中国经济周刊，2016，（34）.

[49] 张哲. 中西剧场比较——从电影《梅兰芳》说起[J]. 大舞台，2010，（06）.

[50] 卢向东. 德国品字形舞台剧场传入我国的历史概述[J]. 艺术科技，2005，（03）.

[51] 弗兰·冯·霍芬. 欧洲的动态舞台设计与应用[J]. 演艺科技，2019，（155）.

[52] 白姗姗. 如何成为一名优秀的舞美设计师——漫议《剧院魅影》的舞美设计成就[J]. 戏曲之家，2017，（08）.

[53] 李泽厚. 美的历程[M]. 北京：生活·读书·新知三联书店出版社，2009.

[54] 邹喆. 《营造法式》中的设计美学初探[J]. 艺术教育，2015，（04）.

[55] 李泽厚，刘絮源. 从"度"到"美"：与李泽厚对话[N]. 深圳特区报，2002-03-02（B09）.

[56] 李泽厚，刘悦笛. 关于"情本体"的中国哲学对话录[J]. 文史哲，2014，（342）.

[57] 李泽厚. 论中华文化的源头符号[J]. 原道，2006，（00）.

[58] 李泽厚. 浅谈审美的过程和结构[J]. 中国书画，2005，（09）.

[59] 李晓鲁，邓子月，浅析美学与设计美学的"同"与"不同"[J]. 大众文艺，2016，（20）.

[60] 师清清，浅析中西古代器物造型差异的设计美学理论基础[J]. 美术教育研究，2017，（09）.

[61] 梁梅，设计美学三题[G]. 中华美学学会专题资料汇编，2018，（12）.

[62] 王鸣鹃，金成星. 设计美学与哲学美学的关系探究[J]. 安徽工程大学学报，2016，31（03）.

[63] 肖剑锋，齐锐，设计美学原理在室内设计中的应用——以北欧室内设计风格为例[J]. 艺术与设计（理论），2019，（08）.

[64] 曾蕾，罗洁如，袁静晗. 设计中的美学研究——功能美与形式美[J]. 设计，2019，（17）.

[65] 周积信，室内设计美学实践浅谈[J]. 大众文艺，2017，（24）.

[66] 吉嘉芳，邱意之，现代设计美学的"四美"特征浅析[J]. 名作欣赏，2017，（27）.

[67] 杨希楠. 以原研哉的"白"设计理念为例，浅谈设计的美学力量[J]. ART AND DESIGN，2016.

[68] 何艳婷. "人本主义"理念在设计心理学教学事件中的应用研究[J]. 装饰，2019，（217）.

[69] 崔波. 阿恩海姆视知觉中的"力"[J]. 群文天地，2012，（03）.

[70] 王倩楠，庞峰，从设计心理学角度浅析建筑设计[J]. 西部皮革，2018，（24）.

[71] 吴佩平，感性印象分析方法在设计中的应用初探[J]. 包装世界，2015，（03）.

[72] 杨妮娟. 格式塔心理学与东方设计美学的异曲同工之妙[J]. 文化创新比较研究，2018，（18）.

[73] 吴琼. 基于视知觉的建筑心理空间研究[D]. 杭州：浙江大学，2012.

[74] 余红，金朝明，杨先超，张久美. 论阿恩海姆格式塔下的空间艺术[G]. 天津市设计学学会会议论文集，2011，（11）.

[75] 郑红丽. 设计心理学实验方法研究[D]. 南京：南京艺术学院，2016.

[76] 徐明霞. 设计心理学在视觉图形艺术中的功能

[J]. 文学教育（下），2015，（01）.

[77] 常禾春，设计心理学在室内设计中的应用[J]. 绿色环保建材，2017，（09）.

[78] 刘伟，朱燕丛，设计心理学在医疗健康领域中的应用实践[C]. 中国心理学会会议论文集，2017，（11）.

[79] 俞雯洁. 设计心理学在园林建筑中的运用探析[J]. 美与时代（城市版），2018，（07）.

[80] 李慧君，岳涵，徐靖涵. 时间知觉因素在公共座椅设计中的应用[J]. 中国冶金教育，2018，（01）.

[81] 胡捷. 室内空间形态视知觉研究[D]. 成都：西南交通大学，2011.

[82] 韩笑，室内设计心理学初探[J]. 艺术科技，2018，（08）.

[83] 张青青，张丽娜，室内设计与心理学的关系[J]. 美术大观，2017，（09）.

[84] [英]斯蒂芬·埃斯克里特. 新艺术运动[M]. 刘慧宁译. 长沙：湖南美术出版社，2019.

[85] [美]鲁道夫·奥恩海姆. 艺术与视知觉[M]. 滕守尧译. 成都：四川人民出版社，2019.

[86] 崔生汇. 旅游景区主题剧场设计研究[D]. 北京：北京建筑大学，2018.

[87] 袁杏. 我国剧场类旅游演艺产品开发与创新研究[D]. 上海：上海师范大学，2013.

[88] 钱世锦，中国音乐剧发展值得思考的几个问题[J]. 上海艺术评论，2018，（05）.

[89] 王悦. 中国音乐剧产业的现状研究[D]. 北京：中国戏曲学院，2018.

[90] 杜心格. 上海音乐剧市场发展现状与策略研究[D]. 上海：上海戏剧学院，2015.

[91] 邱德华. 可调混响技术在多功能剧院中的应用与设计[J]. 苏州城建环保学院学报，2001，14（02）.

[92] 崔生汇. 旅游景区主题剧场设计研究[D]. 北京：北京建筑大学，2018.

[93] 袁杏. 我国剧场类旅游演艺产品开发与创新研究[D]. 上海：上海师范大学，2013.

[94] 刘梦虎，多功能剧院的秘密所在[J]. 华中建筑，1984，（02）.

[95] 陈芳. 基于三维仿真的剧场观众厅视线分析及优化设计研究[D]. 北京：北京工业大学，2016.

[96] 来嘉炜，现代剧院的发展与变化[J]. 戏剧之家（上半月），2014，（02）.

[97] 产斯友. 建筑表皮材料的地域性表现研究[D]. 广州：华南理工大学，2014.

[98] 刘星谊. 基于材料的地域性建筑建构解析[D]. 长沙：湖南大学，2016.

[99] 尚海超. 传统建构在现代建筑语境下的应用[D]. 邯郸：河北工程大学，2016.

[100] 王龙. 当代建筑金属材料表皮建构表现研究[D]. 大连：大连理工大学，2015.

[101] 何燕丽. 中国传统家具装饰的象征理论研究[D]. 北京：北京林业大学，2017.

[102] 郭文举，王鲁漫．试论色彩心理与空间色彩设计[J]．居舍，2020，（02）．

[103] 王美淇．浅谈室内空间环境设计中色彩的运用[J]．居舍，2020，（01）．

[104] 蒋原伦．色彩·形态·空间——读《理论的位置》[J]．书城，2020，（01）．

[105] 赵建华，温再林，夏辉，苏醒．国家大剧院歌剧院舞台灯光照明系统设计概要[J]．艺术科技，2008，（01）．

[106] 潘云辉．青岛大剧院音乐厅的灯光系统设计[J]．演艺设备与科技，2007，（02）．

[107] 戴洽．常州大剧院舞台灯光系统设计方案[J]．演艺设备与科技，2007，（06）．

[108] 白杨．舞台灯光建筑技术条件研究[D]．北京：北京工业大学，2015．

[109] 周建华，舞台灯光设计中的光与色运用[J]．艺术科技，2015，（02）．

[110] 李冉．再论厅堂剧院的音质和扩声系统的构建与调试——浅谈音响扩声系统设计、施工、调试对听音质量的影响[J]．电声技术，2006，（07）．

[111] 梁应添，读剧院视线设计文章有感[J]．建筑学报，1983，（06）．

[112] 王营合，张保利，林子绢．盛开的花朵——长沙梅溪湖国际文化艺术中心[J]．建筑与文化，2013，（04）．

[113] 杨志刚，刘京城，赵换江，张羽．长沙梅溪湖国际文化艺术中心[J]演艺科技，2017，（11）．